高等学校教材

文科数学

尹逊波　张　莹

王晓莺　罗来珍　主编

中国教育出版传媒集团

高等教育出版社·北京

内容提要

本书是"新文科"背景下文科类专业本科数学教材,简明、系统地介绍一元微积分、线性代数、概率论等数学基础知识。本书的特色是每节均从案例出发引出数学问题,通过介绍数学知识,最终解决案例提出的实际问题。内容着眼于对学生人文精神的熏陶和数学思维的培养。

本书可作为文科类专业本科数学教材,也可作为对数学感兴趣的人员的参考书。

图书在版编目(CIP)数据

文科数学/尹逊波等主编.--北京:高等教育出版社,2022.10

ISBN 978-7-04-059273-3

Ⅰ.①文… Ⅱ.①尹… Ⅲ.①高等数学-教材 Ⅳ.①O13

中国版本图书馆 CIP 数据核字(2022)第 154705 号

Wenke Shuxue

策划编辑	贾翠萍	责任编辑 刘 荣	封面设计 贺雅馨	版式设计 李彩丽	
责任绘图	杨伟露	责任校对 胡美萍	责任印制 韩 刚		

出版发行	高等教育出版社	网 址	http://www.hep.edu.cn
社 址	北京市西城区德外大街 4 号		http://www.hep.com.cn
邮政编码	100120	网上订购	http://www.hepmall.com.cn
印 刷	涿州市星河印刷有限公司		http://www.hepmall.com
开 本	787mm×1092mm 1/16		http://www.hepmall.cn
印 张	9.75		
字 数	230 千字	版 次	2022 年 10 月第 1 版
购书热线	010-58581118	印 次	2022 年 10 月第 1 次印刷
咨询电话	400-810-0598	定 价	20.80 元

本书如有缺页、倒页、脱页等质量问题,请到所购图书销售部门联系调换

版权所有 侵权必究

物 料 号 59273-00

前　　言

　　微积分、线性代数及概率论不仅在科学技术中发挥了重要的作用,而且在文科各个领域也有着广泛的应用。随着时代的进步和发展,科学创新成果中数学的作用日益凸显,文科生了解更多的数学知识对其发展及成才都将起着重要的作用。

　　本书是"新文科"背景下文科类专业本科数学教材,针对文科类专业本科学生特点及培养目标,全书既侧重知识的实用性又兼顾知识的广度。本书立足数学与文科各专业融合,侧重数学案例,每节均以案例引入,以问题解决作为终止。将数学知识融于案例之中,让读者在学习过程中既能了解数学的作用,又能激发学习的兴趣。全书力求突出应用,弱化技巧性的证明,通过案例开阔学生视野,强化学生逻辑思维。

　　本书是在中国高等教育学会理科教育专业委员会的重点项目(编号:21ZSLKJYZD03)和中国高等教育学会教育数学专业委员会的重点项目"大学与高中数学衔接及大学先修课的实践研究"的支持下,由哈尔滨工业大学、西北工业大学、哈尔滨工程大学及哈尔滨理工大学四所院校教师合作编写而成。本书前四章为微积分内容,由尹逊波及张莹共同编写完成;第五、六章为线性代数内容,由王晓莺编写;第七、八章为概率论内容,由罗来珍编写。

　　在本书编写过程中得到了哈尔滨工业大学、西北工业大学、哈尔滨工程大学及哈尔滨理工大学相关教师的支持,很多教师提出了宝贵的意见,在此表示诚挚的谢意。

　　由于编者水平有限,书中恐仍有错误和疏漏之处,恳请读者批评指正。

编者

2022 年 7 月

目　　录

第 5 章 矩阵 ·· 77

第 6 章 线性方程组 ·· 92

第 1 章

极限与连续

微积分是文科数学中最重要的内容之一,是由英国大科学家牛顿(Newton)和德国数学家莱布尼茨(Leibniz)于 17 世纪下半叶在前人工作的基础上创立的.微积分建立之初并没有使用极限的概念,直到 19 世纪后期,法国数学家柯西(Cauchy)和德国数学家魏尔斯特拉斯(Weierstrass)等人才给出了极限的定义以及函数在一点处连续的概念,从而开创了微积分的近代体系.极限理论是整个微积分学逻辑体系的基础,但理解其数学概念并不容易.让我们透过现象看本质,先从生活中常见问题入手来体会极限的概念.

1.1 银行复利问题

1.1.1 问题的引入:银行复利问题

假设某家银行存款年利率为 3%,若按年计息,即将一笔初始存款(本金)存入后,第一年结束时将获得初始存款 3% 的利息,此时本息和(本金与利息的和)为初始存款的 $(1+0.03)$ 倍.随后按照复利计算,即在计算利息时,某一计息周期的利息是以本金加上先前周期所积累利息总额为基础来计算,则第 n 年末,存款将会增加到初始存款的 $(1+0.03)^n$ 倍.例如,最开始存入 10 000 元,第一年年底本息和为 10 300 元,(若不取出)第二年年底本息和为 10 609 元.

现假设有另外一家银行年利率仍为 3%,但该银行每半年计息一次,则本金存入六个月后得到全年利息的一半.如果将钱存入这家银行后按照复利计算,那么一年后会以 1.5% 的利息复利计算两次,本息和为本金的 $(1+0.015)^2$ 倍.例如,最开始存入 10 000 元,第一年年底本息和为 10 302.25 元,第二年年底本息和为 10 613.64 元.

显然,在年利率相同的情况下,第二家银行的复利计息方式收益比第一家的略高.稍作思考不难发现,采用复利计息方法时,在相同时间段内保持年利率不变,复利计算越频繁,收益就越多.若每四个月计算一次复利,年利率 3% 除以 3 得到 1%,一年后本息和为初始值的 $(1+0.01)^3$ 倍.例如,最开始存入 10 000 元,第一年年底本息和为 10 303.01 元.

现在的问题是,如果年利率不变,不断提高复利计算的频率,收益会无限增加吗? 如果不是,那会止于何处?

1.1.2 问题的分析:函数的概念

实际上,这里提出的问题是一个函数的问题. 函数刻画的是两个对象的对应关系. 这个概念之所以重要,是因为我们生活的世界存在着各种对应关系,也就产生了各种函数. 比如,气温是时刻的函数,公交车上空余座位数是已坐座位数的函数.

以数为元素的集合称为**数集**,习惯上,自然数集记为 $\mathbf{N}$,整数集记为 $\mathbf{Z}$,有理数集记为 $\mathbf{Q}$;所有实数构成的数集称为**实数集**,记为 $\mathbf{R}$.

设 $a,b \in \mathbf{R}$,且 $a<b$,以 a,b 为端点的有限区间包括:

开区间 $(a,b) = \{x \mid a<x<b, x \in \mathbf{R}\}$;

闭区间 $[a,b] = \{x \mid a \leq x \leq b, x \in \mathbf{R}\}$;

半开区间 $(a,b] = \{x \mid a<x \leq b, x \in \mathbf{R}\}$;

$[a,b) = \{x \mid a \leq x<b, x \in \mathbf{R}\}$.

此外,还有五种无穷区间:

$$(a,+\infty) = \{x \mid x>a, x \in \mathbf{R}\};$$
$$[a,+\infty) = \{x \mid x \geq a, x \in \mathbf{R}\};$$
$$(-\infty,b) = \{x \mid x<b, x \in \mathbf{R}\};$$
$$(-\infty,b] = \{x \mid x \leq b, x \in \mathbf{R}\};$$
$$(-\infty,+\infty) = \mathbf{R}.$$

设 $\delta>0$,称开区间 $(x_0-\delta, x_0+\delta)$ 为点 x_0 的 δ 邻域,记为 $U_\delta(x_0)$ 或 $U(x_0,\delta)$. 它是以 x_0 为中心、长为 2δ 的开区间(图 1.1). 有时我们不关心 δ 的大小,常用"邻域"或"x_0 附近"代替"x_0 的 δ 邻域".

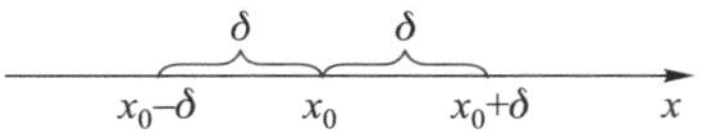

称集合 $(x_0-\delta, x_0) \cup (x_0, x_0+\delta)$ 为 x_0 **的去心 δ 邻域**,记为 $\overset{\circ}{U}_\delta(x_0)$.

图 1.1

若两个变量 x 和 y 的取值之间有一个对应规律,使变量 x 在其可取值的数集 X 内每取得一个值时,变量 y 就依照这个规律确定一个唯一的对应值,则说 y 是 x **的函数**,记作

$$y=f(x), \quad x \in X,$$

其中 x 称为**自变量**,y 称为**因变量**.

自变量 x 可取值的数集 X 称为函数的**定义域**. 所有函数值构成的集合 Y 称为函数的**值域**. 显然,函数 $y=f(x)$ 就是从定义域 X 到值域 Y 的映射,所以,有时把函数记为

$$f: X \to Y.$$

实际上数列就是一种特殊的函数,数列 $\{x_n\}$ 可以表示为 $y=f(n)$,$n \in \mathbf{N}$. 下面再给出两类特殊的函数.

例1 符号函数(克罗内克(Kronecker)函数)(图 1.2)

$$y=\operatorname{sgn} x = \begin{cases} -1, & x<0, \\ 0, & x=0, \\ 1, & x>0. \end{cases}$$

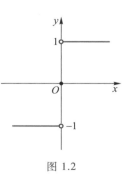

图 1.2

例 2 狄利克雷（Dirichlet）函数

$$D(x) = \begin{cases} 1, & x \text{ 为有理数}, \\ 0, & x \text{ 为无理数}. \end{cases}$$

例 1 和例 2 皆为分段函数.

实数 x 的绝对值函数为

$$|x| = \begin{cases} x, & x > 0, \\ 0, & x = 0, \\ -x, & x < 0. \end{cases}$$

从绝对值的定义可以直接证明,对任何 $x, y \in \mathbf{R}$ 有如下三角不等式成立:

$$|x+y| \leqslant |x| + |y|,$$

从而有

$$|x-y| \leqslant |x-z| + |z-y| \quad (\text{其中 } z \text{ 是任意实数}).$$

利用绝对值,x_0 的 δ 邻域可表示为

$$U_\delta(x_0) = \{x \mid |x-x_0| < \delta\},$$

x_0 的去心 δ 邻域可表示为

$$\overset{\circ}{U}_\delta(x_0) = \{x \mid 0 < |x-x_0| < \delta\}.$$

若变量 x, y 之间的函数关系是由一个含 x, y 的方程

$$F(x, y) = 0$$

给定的,则称 y 是 x 的**隐函数**. 相应地,把由自变量的算式表示出因变量的函数称为**显函数**.

例如,由方程 $x^2 + y^2 = 1 (y \geqslant 0)$,$xy = e^x - e^y$ 表示的函数是隐函数;而 $y = \ln(1 + \sqrt{1-x^2})$ 是显函数. 如果能从隐函数中将 y 解出来,就得到它的显函数形式. 例如,$x^2 + y^2 = 1 (y \geqslant 0)$ 的显函数形式为 $y = \sqrt{1-x^2}$,但 $xy = e^x - e^y$ 这个隐函数却无法表示成显函数.

对于函数 $y = f(x)$,如果可以将 y 当成自变量,x 当成因变量,则由 $y = f(x)$ 确定的函数 $x = \varphi(y)$ 称为 $y = f(x)$ 的**反函数**. 显然,它们的图形是同一条曲线.

在数学研究中,人们关心的是变量间的相依关系,而不考虑变量的具体实际意义,因此习惯用 x 表示自变量,用 y 表示因变量,所以把 $y = f(x)$ 的反函数 $x = \varphi(y)$ 改记为 $y = \varphi(x)$. 这样,$y = \varphi(x)$ 与 $y = f(x)$ 互为**反函数**,可以证明,它们的图形关于直线 $y = x$ 对称（图 1.3）.

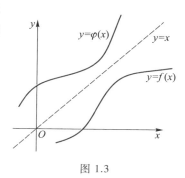

图 1.3

对于严格单调函数,因为 x 与 y 之间是一一对应的,所以有如下结论:

严格单调函数有反函数,其反函数也是严格单调函数.

例如,$y = \sqrt{x}$ 是单增函数,其反函数 $y = x^2$ 在定义域 $[0, +\infty)$ 上也是单增函数.

反函数里有一类特别重要的函数,即反三角函数,在中学课本里没有介绍. 对于正弦函数 $y = \sin x$,它的定义域为 $(-\infty, +\infty)$,值域为 $[-1, 1]$. 每一个 x 都有唯一的 y 与之对应. 而根据反函数

的定义, $y = \sin x$ 在定义域 $(-\infty, +\infty)$ 内不存在反函数. 但是当我们把区间 $(-\infty, +\infty)$ 划分为闭区间 $\left[-\dfrac{\pi}{2} + 2k\pi, \dfrac{\pi}{2} + 2k\pi\right]$ 及闭区间 $\left[\dfrac{\pi}{2} + 2k\pi, \dfrac{3\pi}{2} + 2k\pi\right]$ (其中 $k \in \mathbf{Z}$) 时, 这里的每一个闭区间上的函数 $y = \sin x$ 都是严格单调的, 因此每一个从 y 到 x 的对应所确定的函数都是 $y = \sin x$ 的反函数.

正弦函数 $y = \sin x$ 在 $\left[-\dfrac{\pi}{2}, \dfrac{\pi}{2}\right]$ 上的反函数称为反正弦函数, 记作 $y = \arcsin x$, 它的定义域是 $[-1, 1]$, 值域是 $\left[-\dfrac{\pi}{2}, \dfrac{\pi}{2}\right]$. 同理可以给出另外几个反三角函数的定义及定义域、值域, 汇总如下 (图 1.4):

$$y = \arcsin x, \quad -1 \leqslant x \leqslant 1, \ -\frac{\pi}{2} \leqslant y \leqslant \frac{\pi}{2};$$

$$y = \arccos x, \quad -1 \leqslant x \leqslant 1, \ 0 \leqslant y \leqslant \pi;$$

$$y = \arctan x, \quad -\infty < x < +\infty, \ -\frac{\pi}{2} < y < \frac{\pi}{2};$$

$$y = \operatorname{arccot} x, \quad -\infty < x < +\infty, \ 0 < y < \pi.$$

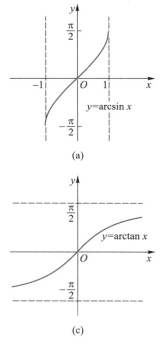

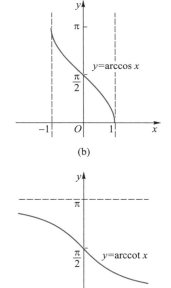

图 1.4

例 3　求下列各式的值:

(1) $y = \sin\left(\arcsin \dfrac{4}{5}\right)$;　(2) $y = \arcsin\left(\sin \dfrac{5}{6}\pi\right)$.

解　（1）由反正弦函数的定义,得 $y=\sin\left(\arcsin\dfrac{4}{5}\right)=\dfrac{4}{5}$;

（2）$y=\arcsin\left(\sin\dfrac{5}{6}\pi\right)=\arcsin\dfrac{1}{2}=\dfrac{\pi}{6}$.

例4　求下列各式的值:

（1）$\sin(\arccos x),x\in[-1,1]$;

（2）$\arcsin(\cos x),x\in\left[-\dfrac{\pi}{2},\dfrac{\pi}{2}\right]$.

解　（1）由 $0\leqslant\arccos x\leqslant\pi$ 知 $\sin(\arccos x)\geqslant0$,于是

$$\sin(\arccos x)=\sqrt{1-[\cos(\arccos x)]^2}=\sqrt{1-x^2}.$$

（2）当 $x\in\left[0,\dfrac{\pi}{2}\right]$ 时,

$$\arcsin(\cos x)=\arcsin\left(\sin\left(\dfrac{\pi}{2}-x\right)\right)=\dfrac{\pi}{2}-x;$$

当 $x\in\left[-\dfrac{\pi}{2},0\right)$ 时,

$$\arcsin(\cos x)=\arcsin\left(\sin\left(\dfrac{\pi}{2}+x\right)\right)=\dfrac{\pi}{2}+x.$$

除了 $y=f(x)$ 的形式之外,两个变量 x,y 之间的函数关系,有时是通过参数方程

$$\begin{cases}x=x(t),\\y=y(t),\end{cases}\quad t\in T$$

给出的,这样的函数称为**参数式函数**,t 称为**参数**,也叫做**参变量**.

例如,隐函数 $x^2+y^2-a^2=0(y\geqslant0,a>0)$,既可以表示为显函数 $y=\sqrt{a^2-x^2}$,又可以用参数方程 $\begin{cases}x=a\cos t\\y=a\sin t\end{cases},0\leqslant t<\pi$ 来表示.如果消去参数 t,就得到 x,y 的函数关系.这对有些参数式函数是容易的,但对有些参数式函数是麻烦的,甚至是不可能的.

常值函数、幂函数、三角函数、反三角函数、指数函数和对数函数统称为**基本初等函数**.

设函数 $y=f(u),u\in U$,而 u 又是 x 的函数:$u=\varphi(x),x\in X$,且

$$D=\{x\mid x\in X,\varphi(x)\in U\}\neq\varnothing,$$

则函数

$$y=f(\varphi(x)),\quad x\in D$$

称为由函数 $y=f(u)$ 和 $u=\varphi(x)$ 构成的**复合函数**,u 称为**中间变量**.

由基本初等函数经过有限次四则运算和有限次复合所得到的,并能用一个式子表示的函数称为**初等函数**. 例如,

$$y=\ln x+x^3\arctan \mathrm{e}^{\sin\sqrt{2x}}+5$$

就是一个初等函数. 初等函数是常见的函数,但是它只是一小类函数,像狄利克雷函数和某些分

段函数就不是初等函数.

基于对前述复利问题的描述,可以假设存款年利率为 P,本金为 A,每年复利计算 n 次,共计算 k 年,则第 k 年末,本息和的计算公式为 $A\left(1+\dfrac{P}{n}\right)^{kn}$. 计算复利的频率 n 无限增加时收益是否会无限增加的问题,就转化为 $A\left(1+\dfrac{P}{n}\right)^{kn}$ 的值是否会随着 n 的增大而无限增大.

若记 $x_n=A\left(1+\dfrac{P}{n}\right)^{kn}$,则问题可以归结为更一般化的数学问题,即数列 $\{x_n\}$ 随着 n 的增大,变化趋势是怎样的?

为了回答这个问题,我们不妨先观察下列数列的通项随着 n 增大的变化趋势:

（1）$\dfrac{1}{2},\dfrac{1}{4},\dfrac{1}{8},\cdots,\dfrac{1}{2^n},\cdots$;

（2）$1,-\dfrac{1}{2},\dfrac{1}{3},\cdots,(-1)^{n+1}\dfrac{1}{n},\cdots$;

（3）$1,-1,1,\cdots,(-1)^{n+1},\cdots$;

（4）$2,4,6,\cdots,2n,\cdots$.

它们的通项依次是 $\dfrac{1}{2^n},(-1)^{n+1}\dfrac{1}{n},(-1)^{n+1},2n$,可描点如图 1.5 所示.

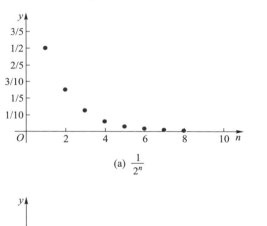

(a) $\dfrac{1}{2^n}$

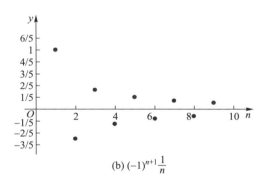

(b) $(-1)^{n+1}\dfrac{1}{n}$

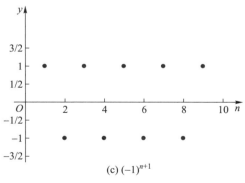

(c) $(-1)^{n+1}$

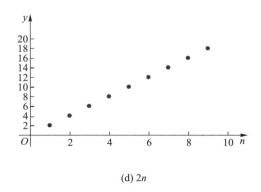

(d) $2n$

图 1.5

可以看到,随着 n 的增大,虽然数列(1)每一项均为正,而数列(2)为正负项交替,但是两个数列随着 n 的无限增加,都与常数 0 无限接近;数列(3)则在 1 和 -1 两数上来回跳动,不接近于任何常数;数列(4)则不断变大,不趋于任何常数.通过上述对数列趋势的直观分析,不难提炼出如下定义:

定义 1.1 若随着 n 趋于无穷大,x_n 的值无限接近一个固定的常数 a,我们就说,数列 $\{x_n\}$ 的**极限存在且为** a.可表示为当 $n \to \infty$ 时,$x_n \to a$,也可表示为

$$\lim_{n \to \infty} x_n = a.$$

若数列极限存在,则称此数列**收敛**;若数列随着 n 的增大不趋于任一定值,我们就说它的**极限不存在**,并称此数列**发散**.

举例来说,《庄子·天下篇》里有一句话:"一尺之棰,日取其半,万世不竭."其所描述的正是数列(1).随着 n 越来越大,x_n 会越来越小,并越来越接近 0,故该数列的极限就是 0.我们记

$$\lim_{n \to \infty} \frac{1}{2^n} = 0.$$

同样地,对于数列(2),不难得出 $\lim\limits_{n \to \infty} (-1)^{n+1} \dfrac{1}{n} = 0$.而数列(3)的通项并不趋于一个定值,因此 $\lim\limits_{n \to \infty} (-1)^{n+1}$ 不存在.数列(4)的通项趋于无穷大,也是极限不存在的一种情形.

例 5 求极限 $\lim\limits_{n \to \infty} \dfrac{\sin n}{n}$.

解 因为当 $n \to \infty$ 时,分子的值是有限的(介于 -1 和 1 之间),而分母的值则趋于无穷大,因此分式趋于 0,即

$$\lim_{n \to \infty} \frac{\sin n}{n} = 0.$$

例 6 求极限 $\lim\limits_{n \to \infty} \dfrac{n}{2 + \sin n}$.

解 因为当 $n \to \infty$ 时,分子的值趋于无穷大,而分母的值则是有限的(介于 1 和 3 之间),因此极限不存在.

后面给出严格的定义后,可以证明如下基本结论:

(1) $\lim\limits_{n \to \infty} q^n = 0 \ (|q| < 1)$;

(2) $\lim\limits_{n \to \infty} \dfrac{1}{n^\alpha} = 0 \ (\alpha > 0)$;

(3) $\lim\limits_{n \to \infty} \sqrt[n]{a} = 1 \ (a > 0, a \neq 1)$;

(4) $\lim\limits_{n \to \infty} \sqrt[n]{n} = 1$.

性质 1.1(极限的运算性质) 若数列 $\{x_n\}$,$\{y_n\}$ 都收敛且 $\lim\limits_{n \to \infty} x_n = A$,$\lim\limits_{n \to \infty} y_n = B$,则它们的和、差、积、商(分母的极限不为 0)构成的数列也收敛,且

$$\lim_{n \to \infty} (x_n \pm y_n) = \lim_{n \to \infty} x_n \pm \lim_{n \to \infty} y_n = A \pm B,$$

$$\lim_{n\to\infty}(x_n y_n)=\lim_{n\to\infty}x_n \cdot \lim_{n\to\infty}y_n=A\cdot B,$$

$$\lim_{n\to\infty}\frac{x_n}{y_n}=\frac{\lim\limits_{n\to\infty}x_n}{\lim\limits_{n\to\infty}y_n}=\frac{A}{B}\quad(\text{这里 } y_n\neq0 \text{ 且 } B\neq0).$$

例 7　求极限 $\lim\limits_{n\to\infty}\dfrac{3n^3+n+3}{n^3+2}$.

解　将分式

$$\frac{3n^3+n+3}{n^3+2}$$

的分子、分母同除以 n^3，由极限的性质可得

$$\lim_{n\to\infty}\frac{3n^3+n+3}{n^3+2}=\lim_{n\to\infty}\frac{3+\dfrac{1}{n^2}+\dfrac{3}{n^3}}{1+\dfrac{2}{n^3}}=\frac{\lim\limits_{n\to\infty}\left(3+\dfrac{1}{n^2}+\dfrac{3}{n^3}\right)}{\lim\limits_{n\to\infty}\left(1+\dfrac{2}{n^3}\right)}$$

$$=\frac{\lim\limits_{n\to\infty}3+\lim\limits_{n\to\infty}\dfrac{1}{n^2}+\lim\limits_{n\to\infty}\dfrac{3}{n^3}}{\lim\limits_{n\to\infty}1+\lim\limits_{n\to\infty}\dfrac{2}{n^3}}=\frac{3+0+0}{1+0}=3.$$

例 8　求极限 $\lim\limits_{n\to\infty}\dfrac{3n^2+n+3}{n^3+2}$.

解　将分式

$$\frac{3n^2+n+3}{n^3+2}$$

的分子、分母同除以 n^3，由极限的性质可得

$$\lim_{n\to\infty}\frac{3n^2+n+3}{n^3+2}=\lim_{n\to\infty}\frac{\dfrac{3}{n}+\dfrac{1}{n^2}+\dfrac{3}{n^3}}{1+\dfrac{2}{n^3}}=\frac{\lim\limits_{n\to\infty}\left(\dfrac{3}{n}+\dfrac{1}{n^2}+\dfrac{3}{n^3}\right)}{\lim\limits_{n\to\infty}\left(1+\dfrac{2}{n^3}\right)}$$

$$=\frac{\lim\limits_{n\to\infty}\dfrac{3}{n}+\lim\limits_{n\to\infty}\dfrac{1}{n^2}+\lim\limits_{n\to\infty}\dfrac{3}{n^3}}{\lim\limits_{n\to\infty}1+\lim\limits_{n\to\infty}\dfrac{2}{n^3}}=\frac{0+0+0}{1+0}=0.$$

一般地，对正整数 p,q，不难总结出规律

$$\lim_{n\to\infty}\frac{a_0 n^p+a_1 n^{p-1}+\cdots+a_p}{b_0 n^q+b_1 n^{q-1}+\cdots+b_q}=\begin{cases}0, & p<q,\\[2mm]\dfrac{a_0}{b_0}, & p=q,\\[2mm]\text{不存在}, & p>q.\end{cases}$$

例 9 求极限 $\lim\limits_{n\to\infty}\dfrac{2^n+5^n+3}{3^n-5^n}$.

解 将分式

$$\frac{2^n+5^n+3}{3^n-5^n}$$

的分子、分母同除以 5^n,由极限的性质可得

$$\lim_{n\to\infty}\frac{2^n+5^n+3}{3^n-5^n}=\lim_{n\to\infty}\frac{\left(\dfrac{2}{5}\right)^n+1+\dfrac{3}{5^n}}{\left(\dfrac{3}{5}\right)^n-1}=-1.$$

例 10 求极限 $\lim\limits_{n\to\infty}\left(\sqrt{n^2+n}-\sqrt{n^2-n}\right)$.

解 通过分子有理化得

$$\lim_{n\to\infty}\left(\sqrt{n^2+n}-\sqrt{n^2-n}\right)=\lim_{n\to\infty}\frac{\left(\sqrt{n^2+n}-\sqrt{n^2-n}\right)\left(\sqrt{n^2+n}+\sqrt{n^2-n}\right)}{\sqrt{n^2+n}+\sqrt{n^2-n}}$$

$$=\lim_{n\to\infty}\frac{2n}{\sqrt{n^2+n}+\sqrt{n^2-n}}=\lim_{n\to\infty}\frac{2}{\sqrt{1+\dfrac{1}{n}}+\sqrt{1-\dfrac{1}{n}}}=1.$$

注 收敛数列的性质 $\lim\limits_{n\to\infty}(x_n\pm y_n)=\lim\limits_{n\to\infty}x_n\pm\lim\limits_{n\to\infty}y_n$,可推广到任意有限个数列的和(差)的情形,但对于无限多个数列不一定成立.如

$$\lim_{n\to\infty}\left(\frac{1}{n}+\frac{1}{n}+\cdots\right)\neq\lim_{n\to\infty}\frac{1}{n}+\lim_{n\to\infty}\frac{1}{n}+\cdots.$$

众所周知,数列是函数的一种特例.借助以上关于数列极限的分析,不难给出函数极限的定义.

定义 1.2 若函数 $f(x)$ 在 $x=x_0$ 附近有定义,且随着 x 无限趋于 x_0,函数值无限趋于某个值 A,则称 A 为函数 $f(x)$ 在 x 趋于 x_0 时的极限.记作:当 $x\to x_0$ 时,$f(x)\to A$,或记为

$$\lim_{x\to x_0}f(x)=A.$$

注意,这里的 x_0 也可以是 $+\infty$,$-\infty$ 或 ∞,性质 1.1 对于函数的极限也成立.

在函数极限的问题中,$\lim\limits_{x\to0}\dfrac{\sin x}{x}=1$ 是一个重要极限.更一般地,当 $u\to0$ 时,$\dfrac{\sin u}{u}\to1$.

例 11 求极限 $\lim\limits_{x\to0}\dfrac{x}{\tan x}$.

解 $\lim\limits_{x\to0}\dfrac{x}{\tan x}=\lim\limits_{x\to0}\left(\dfrac{x}{\sin x}\cdot\cos x\right)=1.$

例 12 求极限 $\lim\limits_{x\to0}\dfrac{1-\cos x}{2x^2}$.

解　$\lim\limits_{x \to 0} \dfrac{1 - \cos x}{2x^2} = \lim\limits_{x \to 0} \dfrac{2\sin^2 \dfrac{x}{2}}{2x^2} = \lim\limits_{x \to 0} \dfrac{\sin^2 \dfrac{x}{2}}{4\left(\dfrac{x}{2}\right)^2} = \dfrac{1}{4}\lim\limits_{x \to 0}\left(\dfrac{\sin \dfrac{x}{2}}{\dfrac{x}{2}}\right)^2 = \dfrac{1}{4}.$

1.1.3　问题的解决：自然对数的底 e

有了这些知识储备后，回到最初的存款复利问题，最后储户本息和可表示为 $\lim\limits_{n \to \infty} A\left(1 + \dfrac{P}{n}\right)^{kn}$.

为了简便，我们姑且设年利率 $P = 1$，本金 $A = 1, k = 1$，则问题的核心是 $\lim\limits_{n \to \infty}\left(1 + \dfrac{1}{n}\right)^n$ 是否存在？若存在，其值是多少？

上述极限值是存在的（可以参考工科类高等数学教材）. 数学家欧拉（Euler）在其著作中，将这个极限值记为 e，即

$$e = \lim\limits_{n \to \infty}\left(1 + \dfrac{1}{n}\right)^n.$$

欧拉将它的值计算到了小数点后 23 位，即

$$e = 2.718\ 281\ 828\ 459\ 045\ 235\ 360\ 28\cdots\cdots,$$

下面利用这个特殊极限的结果计算 $\lim\limits_{n \to \infty} A\left(1 + \dfrac{P}{n}\right)^n$ 的值，即

$$\lim\limits_{n \to \infty} A\left(1 + \dfrac{P}{n}\right)^n = A\lim\limits_{n \to \infty}\left(1 + \dfrac{P}{n}\right)^n = A\lim\limits_{n \to \infty}\left(1 + \dfrac{1}{n/P}\right)^n = A\lim\limits_{n \to \infty}\left[\left(1 + \dfrac{1}{n/P}\right)^{n/P}\right]^P.$$

令 $m = \dfrac{n}{P}$，则当 $n \to \infty$ 时，$m \to \infty$，且

$$上式 = A\lim\limits_{m \to \infty}\left[\left(1 + \dfrac{1}{m}\right)^m\right]^P = Ae^P.$$

这样我们就得到了储户最终的本息和. 从结果不难发现，这个通项并不会无限增大，因此本息和不会趋于无穷大. 在运算过程中用到了复合函数的极限运算法则，感兴趣的读者可以阅读相关教材.

例 13　求极限 $\lim\limits_{n \to \infty}\left(1 - \dfrac{1}{n}\right)^n$.

解　做变量代换 $m = -n$，则

$$\lim\limits_{n \to \infty}\left(1 - \dfrac{1}{n}\right)^n = \lim\limits_{m \to -\infty}\left[\left(1 + \dfrac{1}{m}\right)^m\right]^{-1} = e^{-1}.$$

更一般地，可以证明当 $x \to 0$ 时，$(1 + x)^{\frac{1}{x}} \to e$. 这是极限计算中另一个非常重要的极限.

例 14　求极限 $\lim\limits_{x \to 0}(1 + 2x)^{\frac{1}{x}}$.

解 $\lim\limits_{x\to 0}(1+2x)^{\frac{1}{x}}=\lim\limits_{x\to 0}\left[(1+2x)^{\frac{1}{2x}}\right]^2=\mathrm{e}^2.$

1.1.4 问题的拓展:e 的应用

e 这个数非常重要且奇妙,下面列出一些 e 的应用.

1. 欧拉恒等式

$$\mathrm{e}^{\mathrm{i}\pi}+1=0.$$

这个式子几乎被公认为世上最美丽的公式,加法单位元 0、乘法单位元 1、虚数单位 i、圆周率 π 及自然对数的底 e,这几个重要但看似彼此无关的数,由一个式子将其关联在一起.

2. 相亲问题

某公主要招亲,参加招亲的人很多,要如何挑出适宜人选呢? 皇帝决定:让全部 n 个参加招亲的人轮流进来,先直接拒绝前 x 个人,之后每一个人和前 x 个人比较,只要出现比前 x 个人好的人选,就马上成亲. 皇帝希望知道,如何决定 x,使得挑到最好人选的概率最大. x 不能取太大,这样最好人选很可能就在那 x 个人里面;x 也不能取太小,这样很快就有比前面 x 个人还好的次好人选,便挑不到最好人选.

幸好有位大臣懂数学,经过一番计算,知道 x 约等于 $\dfrac{n}{\mathrm{e}}\approx 0.368n$ 时,挑到最好人选的概率最大,而挑到最好人选的概率是 $\dfrac{1}{\mathrm{e}}$.

3. 悬链线问题

将链条的两端固定,使其受重力自然下垂,此时链条会形成怎样的曲线呢? 伽利略(Galileo)误认为应该是一条抛物线,17 世纪末约翰·伯努利(Johann Bernoulli)及莱布尼茨做出了正确解答,该曲线为悬链线,且方程为

$$y=\frac{a}{2}\left(\mathrm{e}^{ax}+\mathrm{e}^{-ax}\right),$$

其中 a 是一个和链条密度与张力有关的正数.

4. e 与无穷级数(具体概念见第 4 章)

$$\mathrm{e}=\frac{1}{0!}+\frac{1}{1!}+\frac{1}{2!}+\frac{1}{3!}+\frac{1}{4!}+\frac{1}{5!}+\cdots,$$

$$\frac{1}{\mathrm{e}}=\frac{1}{0!}-\frac{1}{1!}+\frac{1}{2!}-\frac{1}{3!}+\frac{1}{4!}-\frac{1}{5!}+\cdots.$$

5. e 与连分数

$$\mathrm{e}=2+\cfrac{1}{1+\cfrac{1}{2+\cfrac{2}{3+\cfrac{3}{4+\cdots}}}}.$$

习题 1.1

1. 求下列极限:

(1) $\lim\limits_{n\to\infty}\left(1+\dfrac{1}{2}+\dfrac{1}{4}+\cdots+\dfrac{1}{2^n}\right)$;

(2) $\lim\limits_{n\to\infty}\dfrac{\sqrt{9n^4+n-2}}{\sqrt[3]{27n^6+\pi n-9}}$;

(3) $\lim\limits_{n\to\infty}\left[\dfrac{1}{1\cdot 2}+\dfrac{1}{2\cdot 3}+\cdots+\dfrac{1}{n(n+1)}\right]$;

(4) $\lim\limits_{n\to\infty}\dfrac{6n^2+n-1}{3n^2+\sqrt{n}-7}$;

(5) $\lim\limits_{n\to\infty}\dfrac{5^n+(-1)^n}{5^n}$;

(6) $\lim\limits_{n\to\infty}\left(\dfrac{2^3-1}{2^3+1}\cdot\dfrac{3^3-1}{3^3+1}\cdot\cdots\cdot\dfrac{n^3-1}{n^3+1}\right)$.

2. 以下运算过程是否正确?

$$\lim_{n\to\infty}\frac{1+2+3+\cdots+(n-1)}{n^2}=\lim_{n\to\infty}\frac{1}{n^2}+\lim_{n\to\infty}\frac{2}{n^2}+\cdots+\lim_{n\to\infty}\frac{n-1}{n^2}$$
$$=0+0+\cdots+0=0.$$

3. 求下列极限:

(1) $\lim\limits_{x\to 0}(1-3x)^{\frac{1}{x}}$;

(2) $\lim\limits_{x\to +\infty}\left(\dfrac{x}{1+x}\right)^x$;

(3) $\lim\limits_{x\to +\infty}\left(\dfrac{2x-1}{2x+1}\right)^x$;

(4) $\lim\limits_{x\to 1}(3-2x)^{\frac{1}{x-1}}$.

4. 已知 $\lim\limits_{x\to\infty}\left(\dfrac{x+a}{x-a}\right)^x=9$,求常数 a.

5. 求下列极限:

(1) $\lim\limits_{x\to 0}\dfrac{\sin kx}{x}$;

(2) $\lim\limits_{x\to 0}\dfrac{x+x^2}{\tan 2x}$;

(3) $\lim\limits_{x\to 0}\dfrac{\arctan x}{x}$;

(4) $\lim\limits_{x\to n\pi}\dfrac{\sin x}{x-n\pi}$($n$ 为正整数).

1.2　爬 山 问 题

1.2.1　问题的引入:爬山问题

某人上午 8 点从山脚出发,下午 6 点到达山顶;第二天沿原路返回,上午 8 点从山顶出发,下午 6 点回到山脚. 他意外地发现自己两天中在同一时刻经过了相同的景点,请问这是偶然还是必然? 如果是必然的话,原因是什么呢?

在上山与下山的过程中,人所处位置的海拔高度随时间是连续变化的. 以时间 t 为横轴,所处位置的海拔高度 h 为纵轴,以上午 8 点在山脚为坐标原点,建立平面直角坐标系. 设上山时,海拔高度随时间变化的函数为 $h_1=f(t)$(以上午 8 点为 0 h,下午 6 点为 10 h),下山时的函数为 $h_2=g(t)$. 要想回答前面提出的问题,必需引入连续的概念.

1.2.2　问题的分析:函数的连续性

光阴荏苒,物换星移,老友故交相逢,往往慨叹物是人非. 然而,熟人、邻居数日后再见,却不会感到彼此有明显的变化. 这是由于在较短的时间内,人的外貌不会有太大的改变;只有当时间间隔较大时,才能体会到比较明显的改变. 这实际上都是连续带给我们的直观感受,连续现象在现实生活中很常见. 那么,什么样的函数才能称作连续函数呢? 我们先来观察几个例子.

在图 1.6(a)中,函数图形看起来就是连续不断的. 在图 1.6(b)中 $x=2$ 时,以及图 1.6(c)中 $x=0$ 和 $x=2$ 时,函数图形均出现了"断开"的现象,而其他点处函数图形仍旧是连续的.

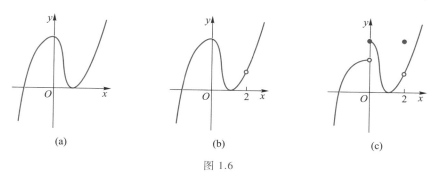

图 1.6

从函数图形上看,连续与否似乎能够很直观地判断. 但是在数学学习中,直观感受并不一定与事实相符. 例如,狄利克雷函数的图像从直观上看貌似"连续",而实际上这个函数却是处处不连续的. 在微积分建立之初,由于涉及的大多数函数是连续函数,因此数学家没有关注连续函数的严格定义. 直到越来越多不连续函数出现时,数学家才开始用更为严格的数学语言来刻画连续的概念,它会影响到许多数学概念、性质和定理的成立.

有了函数极限的概念后,可以对连续作如下定义:

定义 1.3 若函数 $f(x)$ 在点 $x=x_0$ 附近有定义,且随着 x 无限趋于 x_0,函数值无限趋于 $f(x_0)$,则称 $f(x)$ 在点 $x=x_0$ 处连续,记作

$$\lim_{x \to x_0} f(x) = f(x_0).$$

否则,称函数 $f(x)$ 在点 $x=x_0$ 处不连续,点 x_0 称为函数 $f(x)$ 的**不连续点**或**间断点**.

若 $f(x)$ 在区间 I 内每一点处都连续,则说 $f(x)$ 在区间 I 内连续,记为 $f(x) \in C(I)$. 在定义域上连续的函数称为**连续函数**.

图 1.6(b)中函数在点 $x=2$ 处没有定义,(c)中函数在点 $x=0$ 处的函数值存在但极限不存在,$x=2$ 处函数值与极限都存在,但两者不相等,故函数在以上情形均不连续.

由 $\lim_{x \to x_0} f(x) = f(x_0)$ 不难看出,只要函数连续,就可以直接代入自变量来计算极限值. 那么哪些函数是连续的呢? 实际上,根据连续的严格定义,数学家证明了初等函数在其定义域内均是连续的. 这样来说,我们常见的函数都可以通过直接代入的方式求得极限值.

例 1 求极限 $\lim_{x \to 1}(x^2 \cdot 3^x)$.

解 由于所求函数为初等函数,故

$$\lim_{x \to 1}(x^2 \cdot 3^x) = 1^2 \cdot 3^1 = 3.$$

例 2 求极限 $\lim_{x \to 1} \dfrac{x^2-1}{x-1}$.

解　因式分解，

$$\lim_{x\to 1}\frac{x^2-1}{x-1}=\lim_{x\to 1}\frac{(x-1)(x+1)}{x-1}=\lim_{x\to 1}(x+1)=2.$$

例 3　求极限 $\lim_{x\to 0}\dfrac{\sqrt{1+x}-1}{x}$.

解　分子有理化，

$$\lim_{x\to 0}\frac{\sqrt{1+x}-1}{x}=\lim_{x\to 0}\frac{(\sqrt{1+x}-1)(\sqrt{1+x}+1)}{x(\sqrt{1+x}+1)}=\lim_{x\to 0}\frac{x}{x(\sqrt{1+x}+1)}$$

$$=\lim_{x\to 0}\frac{1}{\sqrt{1+x}+1}=\frac{1}{2}.$$

定义 1.4　若函数 $f(x)$ 在点 $x=x_0$ 右侧有定义，且随着 x 从 x_0 的右侧无限趋于 x_0，函数值无限趋于某个常数 A，则称 A 为函数 $f(x)$ 在 x 趋于 x_0 时的**右极限**. 记作：当 $x\to x_0^+$ 时，$f(x)\to A$，或记为

$$\lim_{x\to x_0^+}f(x)=f(x_0^+)=A.$$

类似地，可以定义函数的**左极限**. 若当 $x\to x_0^-$ 时，$f(x)\to A$，则也记为

$$\lim_{x\to x_0^-}f(x)=f(x_0^-)=A.$$

有了单侧极限的定义，下面给出一个非常有用的性质.

性质 1.2（极限存在的充要条件）　若函数 $f(x)$ 在点 $x=x_0$ 附近有定义，则

$$\lim_{x\to x_0}f(x)=A\ \text{当且仅当}\ \lim_{x\to x_0^+}f(x)=\lim_{x\to x_0^-}f(x)=A.$$

例 4　若

$$f(x)=\begin{cases}x, & x\leqslant 1,\\ x^2-2x+2, & x>1,\end{cases}$$

求极限 $\lim_{x\to 1}f(x)$.

解　由于

$$\lim_{x\to 1^-}f(x)=\lim_{x\to 1^-}x=1,$$
$$\lim_{x\to 1^+}f(x)=\lim_{x\to 1^+}(x^2-2x+2)=1,$$

左、右极限均存在且相等，故 $\lim_{x\to 1}f(x)=1$.

例 5　若

$$f(x)=\begin{cases}\arctan x, & x\leqslant 0,\\ 2+\cos\dfrac{1}{x}, & x>0,\end{cases}$$

求极限 $\lim_{x\to 0}f(x)$.

解　由于

$$\lim_{x\to 0^-}f(x)=\lim_{x\to 0^-}\arctan x=0,$$

$$\lim_{x \to 0^+} f(x) = \lim_{x \to 0^+}\left(2 + \cos\frac{1}{x}\right) \text{ 不存在},$$

即左极限存在,但右极限不存在,故 $\lim_{x \to 0} f(x)$ 不存在.

为了更好地理解连续的概念,我们将函数在一点处不连续的情形进行分类.

(1)左极限 $f(x_0^-)$ 和右极限 $f(x_0^+)$ 都存在的间断点 x_0,称为**第一类间断点**.

若 $f(x_0^-) \neq f(x_0^+)$,即左、右极限都存在但不相等,不管在点 x_0 处函数是否有定义,函数都不连续,这种第一类间断点叫做**跳跃间断点**.

例 6 函数 $f(x) = \dfrac{2}{1+e^{1/(x-1)}}$,因为 $f(1^-)=2, f(1^+)=0$,所以 $x=1$ 是函数的跳跃间断点(图 1.7).

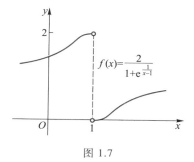

图 1.7

若 $f(x_0^-)=f(x_0^+)$,但不等于 $f(x_0)$ 或 $f(x_0)$ 不存在,即函数在点 x_0 处有极限但不连续.这种第一类间断点叫做**可去间断点**."可去"的意思是只要补充或修改函数在点 x_0 处的定义,即令 $f(x_0)=\lim_{x \to x_0} f(x)$,就可以得到在点 x_0 处连续的函数.

(2)左、右极限至少有一个不存在的间断点,叫做**第二类间断点**.

例 7 因为 $\lim_{x \to \frac{\pi}{2}^-} \tan x = +\infty$,所以 $x=\dfrac{\pi}{2}$ 是函数 $\tan x$ 的第二类间断点.由于 $x \to \dfrac{\pi}{2}$ 时,函数图形伸向无穷远处,所以 $x=\dfrac{\pi}{2}$ 也叫做**无穷间断点**.

例 8 因为 $\lim_{x \to 0^+} \sin\dfrac{1}{x}$ 不存在,所以 $x=0$ 是 $\sin\dfrac{1}{x}$ 的第二类间断点.在点 $x=0$ 附近,函数 $f(x)=\sin\dfrac{1}{x}$ 的图形在 $y=-1$ 与 $y=1$ 之间反复振荡,所以 $x=0$ 也叫做**振荡间断点**(图 1.8).

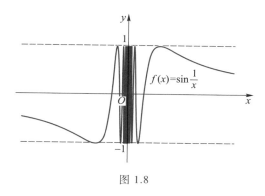

图 1.8

1.2.3 问题的解决:连续函数的性质

连续函数之所以重要是因为它本身具有一些好的性质,比如前面提到的初等函数在其定义区间内都是连续的,这就是一个特别重要且有用的结论.接下来我们给出闭区间上连续函数的几个重要性质,它们是研究许多问题的基础.

性质 1.3(有界性)　闭区间上连续函数必有界.

性质 1.4(最值定理)　闭区间上连续函数必有最小值和最大值.

开区间内的连续函数和闭区间上有间断点的函数都不一定存在最大值和最小值,也不一定是有界函数. 比如,函数 $f(x) = x^2$ 是 $(-1,1)$ 内的连续函数,但无最大值;函数 $g(x) = \tan x$ 在闭区间 $[0,\pi]$ 上不存在最大值和最小值,也是无界的,因为 $x = \dfrac{\pi}{2}$ 是它的第二类间断点.

性质 1.5(零点定理)　设函数 $f(x)$ 在闭区间 $[a,b]$ 上连续,且 $f(a)f(b) < 0$,则至少存在一点 $\xi \in (a,b)$,使得

$$f(\xi) = 0.$$

性质 1.6(介值定理)　闭区间上连续函数一定能取得介于最小值和最大值之间的任何值.即若 $f(x) \in C[a,b]$,数值 μ 满足

$$\min_{x \in [a,b]} f(x) < \mu < \max_{x \in [a,b]} f(x),$$

则至少有一点 $\xi \in (a,b)$,使 $f(\xi) = \mu$.

介值定理实质上是说连续函数能取尽闭区间上最大值和最小值之间的一切值.

例 9　证明: $\sqrt{x^2 + 5} = 4 - x$ 有实根.

证明　设 $f(x) = \sqrt{x^2 + 5} + x - 4$,则

$$f(0) = \sqrt{5} - 4 < 0, \quad f(2) = 1 > 0.$$

由零点定理知,必然存在一点 $c \in (0,2)$,使得 $f(c) = 0$,即 c 为方程的实根.

回到本节最初的问题,设上山函数为 $h_1 = f(t)$,下山函数为 $h_2 = g(t)$,如图 1.9 所示. 两个函数显然均为连续函数,因此,不难从图形上看出,存在某一个时刻 t_1,在该时刻两个函数图形必然相交,即两天在同一时刻经过相同的景点是必然的.

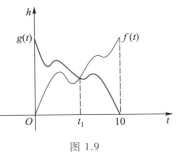

图 1.9

严格地来说,需要证明存在某一个时刻 t_1,使得 $f(t_1) = g(t_1)$,该问题可转化为函数 $H(t) = f(t) - g(t)$ 在 $[0,10]$ 上的零点问题. 而

$$H(0) = f(0) - g(0) < 0, \quad H(10) = f(10) - g(10) > 0,$$

由零点定理可知,一定存在某一个时间 t_1,使得 $f(t_1) = g(t_1)$.

习题 1.2

1. 计算下列极限:

(1) $\lim\limits_{x \to -1} \dfrac{x^2 + 2x + 5}{x^2 + 1}$;

(2) $\lim\limits_{x \to 1} \dfrac{x^2 - 2x + 1}{x^2 - 1}$;

（3）$\lim\limits_{x\to 0}\dfrac{(x+h)^2-x^2}{h}$ $(h>0)$；

（4）$\lim\limits_{x\to 4}\dfrac{\sqrt{2x+1}-3}{\sqrt{x-2}-\sqrt{2}}$；

（5）$\lim\limits_{x\to\infty}(\sqrt{x^2+1}-\sqrt{x^2-1})$；

（6）$\lim\limits_{x\to -8}\dfrac{\sqrt{1-x}-3}{2+\sqrt[3]{x}}$；

（7）$\lim\limits_{x\to 1}\dfrac{x^2-1}{2x^2-x-1}$；

（8）$\lim\limits_{x\to\infty}\dfrac{(3x-1)^{25}(2x-1)^{20}}{(2x+1)^{45}}$.

2. 若 $f(x)=\begin{cases}x^2+2, & x\leqslant 2\\ \sqrt{3x+30}, & x>2,\end{cases}$ 求 $\lim\limits_{x\to 2}f(x)$.

3. 已知 $f(x)=\begin{cases}3x+1, & x\leqslant 1\\ x-a, & x>1,\end{cases}$ 若 $\lim\limits_{x\to 1}f(x)$ 存在，求 a.

4. 若 $f(x)$ 连续，$|f(x)|$ 和 $f^2(x)$ 是否也连续？又若 $|f(x)|$ 和 $f^2(x)$ 分别连续，$f(x)$ 是否也连续？

5. 若函数 $f(x)$ 和 $g(x)$ 都在点 $x=x_0$ 处不连续，问 $f(x)+g(x)$ 和 $f(x)g(x)$ 是否在点 $x=x_0$ 处也不连续？

6. 设

$$f(x)=\begin{cases}-2, & x\leqslant -1,\\ ax+b, & -1<x<1,\\ 3, & x\geqslant 1\end{cases}$$

处处连续，求 a,b.

7. 利用零点定理证明 $x^3-x=17$ 在区间 $[2,3]$ 上至少存在一个实根.

1.3 直觉与严格化问题

1.3.1 问题的引入：直觉靠得住吗

在日常生活中我们经常可以看到,手持落叶和石块并同时放手,必然是石块先落地. 于是,古希腊的学者们认为,物体下落的速度与重量正相关. 最早提出这种观点的是公元前 4 世纪的亚里士多德（Aristotle）,在其后两千多年的时间里,人们一直信奉他的说法. 直到 16 世纪,伽利略通过数学推导,对自由落体运动进行了深入的研究,论证了物体下降的速度与重量无关.

生活中还有很多迷惑性的案例,虽然背后的数学原理很简单,但仅凭直觉判断常常会误导我们,例如:甲、乙两个公司招聘职员,甲公司底薪是 1 000 元/月,每月加薪 200 元;乙公司底薪是 600 元/月,每半个月加薪 60 元,两个公司都是每半个月发一次薪酬. 如果仅凭直觉,很多人会选择甲公司. 但是实际上每半个月加薪 60 元比每个月加薪 200 元收益增长速度更快,因此乙公司的收入前景要比甲公司的收入前景更好.从表 1.1 可见,到第 11 个月末,乙公司的薪酬就超过了甲公司的.

表 1.1　甲、乙两公司职员每半月薪酬列表

	1	2	3	4	5	6	…	19	20	21	22	…
甲	500	500	600	600	700	700	…	1 400	1 400	1 500	1 500	…
乙	300	360	420	480	540	600	…	1 380	1 440	1 500	1 560	…

以上案例告诉我们,由于客观事物变化的复杂性,仅凭直觉做出判断容易出现错误,必须从量化的角度加以论证. 微积分建立之初一直饱受争议,特别是极限概念未严格化之前更是如此. 前面两节关于极限和连续的概念中,使用了"无限增加"和"无限接近"等描述性语言,既不严谨,又不方便使用,所以必须从定量的角度对极限给出严格定义.

1.3.2　问题的延伸:极限的严格定义

数列极限较为简单,容易理解,下面我们给出其严格定义.

定义 1.5　设 $\{x_n\}$ 是数列,a 是常数,若对任意给定的正数 ε,都存在相应的正整数 N,使得当 $n>N$ 时,恒有

$$|x_n-a|<\varepsilon,$$

则称 a 为数列 $\{x_n\}$ 的极限,记作 $\lim\limits_{n\to\infty}x_n=a$.

如图 1.10 所示,"当 $n>N$ 时,恒有 $|x_n-a|<\varepsilon$"意味着,所有下标 $n>N$ 的项 x_n 都落在区间 $(a-\varepsilon,a+\varepsilon)$ 内,或者说,不在区间 $(a-\varepsilon,a+\varepsilon)$ 内的 x_n 只有有限项. 这就是 $\lim\limits_{n\to\infty}x_n=a$ 的几何意义.

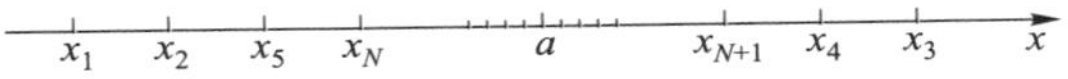

图 1.10

关于数列极限的 ε-N 定义,需要读者注意:

(1) 数列极限反映了 $n\to\infty$ 时数列 $\{x_n\}$ 的变化趋势,任意改变数列中的有限项不影响它的极限值;

(2) 定义中 ε 的任意(小)是必要的,否则 $|x_n-a|<\varepsilon$ 就不能刻画 x_n 无限趋于 a;

(3) N 与给定的 ε 有关,一般地,ε 越小,N 越大,它表示变化的进程.

为简便起见,可使用符号"$\forall$"表示对任意,"$\exists$"表示存在,则数列极限的 ε-N 定义可写作"$\forall\varepsilon>0$,$\exists N>0$,使得当 $n>N$ 时,恒有 $|x_n-a|<\varepsilon$".

定理 1.1　若数列 $\{x_n\}$ 的奇子列和偶子列均收敛于同一个常数 a,则 $\{x_n\}$ 收敛于 a.

数列极限可看成函数极限的一种特例,下面分别给出当 $x\to\infty$,$+\infty$ 和 $-\infty$ 时,函数极限的严格定义.

定义 1.6　设 $y=f(x)$ 在 $(-\infty,a)\cup(a,+\infty)$ 上有定义,A 为常数. 若 $\forall\varepsilon>0$,$\exists X>0$,使得当 $|x|>X$时,恒有

$$|f(x)-A|<\varepsilon,$$

则称 A 为函数 $f(x)$ 在 $x\to\infty$ 时的极限,记作 $\lim\limits_{x\to\infty}f(x)=A$.

定义 1.7　设函数 $y=f(x)$ 在 $(a,+\infty)$ 上有定义,A 为常数. 若 $\forall\varepsilon>0$,$\exists X>0$,使得当 $x>X$ 时,恒有

$$|f(x)-A|<\varepsilon,$$

则称 A 为函数 $f(x)$ 在 $x\to+\infty$ 时的极限,记作 $\lim\limits_{x\to+\infty}f(x)=A$.

定义 1.8　设函数 $y=f(x)$ 在 $(-\infty,a)$ 上有定义,A 为常数. 若 $\forall\varepsilon>0$,$\exists X>0$,使得当 $x<-X$ 时,恒有

$$|f(x)-A|<\varepsilon,$$

则称 A 为函数 $f(x)$ 在 $x\to-\infty$ 时的极限,记作 $\lim\limits_{x\to-\infty}f(x)=A$.

显然,我们可以得到以下定理.

定理 1.2 若函数 $f(x)$ 在 $(-\infty,a)\cup(a,+\infty)$ 上有定义,则

$$\lim_{x\to\infty}f(x)=A \text{ 当且仅当 } \lim_{x\to+\infty}f(x)=\lim_{x\to-\infty}f(x)=A.$$

定义 1.6—定义 1.8 都是在自变量趋于无穷的情形下给出的. 类似地,我们可以给出自变量趋于定点时函数极限的定义.

定义 1.9 设 $y=f(x)$ 在 x_0 的某去心邻域内有定义,A 为常数. 若 $\forall\varepsilon>0,\exists\delta>0$,使得当 $0<|x-x_0|<\delta$ 时,恒有

$$|f(x)-A|<\varepsilon,$$

则称 A 为函数 $f(x)$ 在 $x\to x_0$ 时的极限,记作 $\lim\limits_{x\to x_0}f(x)=A$.

利用严格定义来证明极限通常较为复杂,这里仅给出一个简单的例子供参考.

例 1 试证:$\lim\limits_{n\to\infty}\dfrac{1}{n}=0.$

证明 $\forall\varepsilon>0$,解不等式

$$\left|\frac{1}{n}-0\right|=\frac{1}{n}<\varepsilon,$$

得 $n>\dfrac{1}{\varepsilon}$,取 $N=\left[\dfrac{1}{\varepsilon}\right]$,这里 $[x]$ 是取整函数,表示小于或等于 x 的最大整数. 当 $n>N$ 时,有

$$\left|\frac{1}{n}-0\right|<\varepsilon.$$

因此,

$$\lim_{n\to\infty}\frac{1}{n}=0. \qquad\Box$$

有了函数极限的严格定义后,我们可给出它的三条重要性质(以 $x\to x_0$ 为例).

定理 1.3(唯一性) 若极限 $\lim\limits_{x\to x_0}f(x)$ 存在,则它是唯一的.

有了唯一性的保障,求极限与加、减、乘、除一样,可以看成一种运算.

定理 1.4(局部有界性) 若极限 $\lim\limits_{x\to x_0}f(x)$ 存在,则函数 $f(x)$ 在点 x_0 的某去心邻域内有界,即 $\exists$ 正整数 $M>0$ 和 $\delta>0$,使得当 $x\in\mathring{U}(x_0)$ 时,有

$$|f(x)|\leq M.$$

定理 1.5(保序性) 设 $\lim\limits_{x\to x_0}f(x)=A,\lim\limits_{x\to x_0}g(x)=B.$

(1) 若 $A<B$,则 $\exists\delta>0$,使得当 $0<|x-x_0|<\delta$ 时,恒有 $f(x)<g(x)$;

(2) 若 $\exists\delta>0$,使得当 $0<|x-x_0|<\delta$ 时,恒有 $f(x)\leq g(x)$,则 $A\leq B$.

此定理给出一个不等关系式. 容易看出,当 $x\to x_0$ 时函数极限的大小关系与在点 x_0 的近旁函数的大小关系是一致的.

扩展阅读 1　$\varepsilon\text{-}\delta$ 定义

　　$\varepsilon\text{-}\delta$ 定义是整个微积分课程最难理解的概念之一. 曾经有一位大数学家哈尔莫斯(Halmos), 他在大学时也很难理解 $\varepsilon\text{-}\delta$ 定义. 在一次与同学的谈话中, 他好像突然被一道光照亮, 明白了 $\varepsilon\text{-}\delta$ 定义的意义. 于是他拿出微积分课本重新阅读, 发现以前觉得没有意义的东西突然变得清晰起来, 自己也能完成一些定理的证明了. 后来通过自己的努力, 他成了一流的数学家. 所以, 如果读者暂时难以理解其中的要义也不要灰心.

　　符号的由来: 误差(error)的第一个字母是 e, 对应的希腊字母是 ε; 差距(difference)的第一个字母是 d, 对应的希腊字母是 δ.

第 2 章

一元微分学

一元微分学是微积分的核心内容之一. 在微积分诞生至今的几百年间,理、工、文、农、医等各个学科均取得了大跨步式的发展,在这期间导数概念的创立起到了至关重要的作用. 理解了导数的含义,就可以通过研究导数来了解函数的单调性、凹凸性等几何性质. 时至今日,导数已经在理论物理学、经济学、航空航天工程等诸多领域得到了广泛应用,在生活中,也随处可见导数的影子.

2.1 区间测速与超速抓拍问题

2.1.1 问题的引入:区间测速与超速抓拍问题

当汽车在高速公路上行驶时,经常会遇到判断汽车是否超速的电子设备. 常见的测速系统主要分为区间测速和超速抓拍两类,它们的工作原理是什么呢?

区间测速系统记录汽车进出测速路段的长度 L,汽车进出该路段的时刻 t_1 和 t_2,进而计算汽车在该路段内行驶的平均速度 $\bar{v}_1 = \dfrac{L}{t_2 - t_1}$. 对于超速抓拍系统,摄像头在极短时间内拍照两次,抓拍两次车辆的位置信息. 设两次抓拍的时间间隔为 Δt,汽车在该时间段内行驶的距离为 Δs,则汽车在此时间段内行驶的平均速度为 $\bar{v}_2 = \dfrac{\Delta s}{\Delta t}$,$\bar{v}_2$ 常常被记作汽车在被抓拍时的瞬时速度.

$\bar{v}_1$ 和 $\bar{v}_2$ 都是汽车行驶的平均速度,那为什么 $\bar{v}_2$ 可以作为瞬时速度使用,瞬时速度又该如何计算呢?

2.1.2 问题的分析:导数概念的产生

例 1 直线运动的速度问题:已知质点沿直线做非匀速运动,运动位移 s 与时间 t 的函数关系为 $s = s(t)$,试确定 $t = t_0$ 时质点的瞬时速度 $v(t_0)$.

从时刻 t_0 到 $t_0 + \Delta t$,质点的位移为

$$\Delta s = s(t_0 + \Delta t) - s(t_0),$$

在这段时间内质点的平均速度为

$$\bar{v} = \frac{\Delta s}{\Delta t}.$$

若运动是匀速的,平均速度 $\bar{v}$ 就等于质点在每个时刻的瞬时速度.

若运动是非匀速的, $\bar{v}$ 表示这段时间内质点运动的平均速度,则 Δt 越小, $\bar{v}$ 越接近质点在时刻 t_0 的瞬时速度. 根据第一章极限的定义不难想象,只要当 $\Delta t \to 0$ 时 $\bar{v}$ 的极限存在,就可以得到质点在时刻 t_0 的瞬时速度. 因此超速抓拍系统的相邻两次拍照时间应充分短.

根据极限思想,质点在时刻 t_0 的瞬时速度 $v(t_0)$ 定义为

$$v(t_0) = \lim_{\Delta t \to 0} \frac{\Delta s}{\Delta t} = \lim_{\Delta t \to 0} \frac{s(t_0 + \Delta t) - s(t_0)}{\Delta t}.$$

我们通常将质点在时刻 t_0 的瞬时速度简称为速度.

例 2 平面曲线切线的斜率:设有一条平面曲线 C,其方程为 $y = f(x)$,试确定曲线 C 在点 $M_0(x_0, f(x_0))$ 处的切线的斜率.

古希腊学者尝试过作曲线的切线,把切线看成与曲线只有一个交点且在曲线同侧的直线.但是他们利用的是静态的方式,只能通过欧几里得(Euclid)几何的办法处理,此种方法并不能给出一个确定的数学公式. 直到笛卡儿(Descartes)坐标系出现,求切线的问题才可以从运动的观点出发,借助解析的办法来解决.

什么是曲线 C 在点 M_0 处的切线呢? 在曲线 C 上任取一个异于 M_0 的点 $M(x_0 + \Delta x, y_0 + \Delta y)$,过点 M_0 和 M 的直线称为曲线 C 的**割线**. 当点 M 沿曲线 C 趋于点 M_0 时,若割线 $M_0 M$ 有极限位置 $M_0 T$,则称直线 $M_0 T$ 为曲线 C 在点 M_0 处的**切线**(图 2.1).

割线 $M_0 M$ 的斜率为

$$\tan \beta = \frac{\Delta y}{\Delta x} = \frac{f(x_0 + \Delta x) - f(x_0)}{\Delta x},$$

其中 β 为割线 $M_0 M$ 的倾斜角. 当点 M 沿曲线 C 趋于点 M_0 时,有 $\Delta x \to 0, \beta \to \alpha$,其中 α 是切线 $M_0 T$ 的倾斜角,于是切线 $M_0 T$ 的斜率为

$$k = \tan \alpha = \lim_{\Delta x \to 0} \frac{\Delta y}{\Delta x} = \lim_{\Delta x \to 0} \frac{f(x_0 + \Delta x) - f(x_0)}{\Delta x}.$$

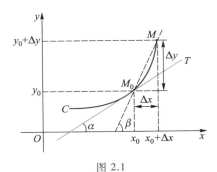

图 2.1

这种计算函数变化率极限的问题非常常见,尽管在例 1 和例 2 中,自变量与函数所表示的意义分别属于不同的领域——物理学和几何学,但从数学计算的角度看,本质是一样的,即

(1)给自变量以任意增量并计算对应的函数增量;

(2)计算函数增量与自变量增量的比值;

(3)计算当自变量的增量趋于 0 时这个比值的极限.

在实际应用中,还有很多问题可以归结为这种计算,例如电流强度和化学反应速度的计算等问题.

定义 2.1 设函数 $y=f(x)$ 在点 x_0 的某邻域内有定义,当自变量从 x_0 变到 $x_0+\Delta x$ 时,函数 $y=f(x)$ 的增量

$$\Delta y = f(x_0+\Delta x) - f(x_0)$$

与自变量的增量 Δx 之比

$$\frac{\Delta y}{\Delta x} = \frac{f(x_0+\Delta x) - f(x_0)}{\Delta x}$$

称为 $f(x)$ 的平均变化率. 若 $\Delta x \to 0$ 时,平均变化率的极限

$$\lim_{\Delta x \to 0} \frac{\Delta y}{\Delta x} = \lim_{\Delta x \to 0} \frac{f(x_0+\Delta x) - f(x_0)}{\Delta x} \tag{1}$$

存在,则称 $f(x)$ 在点 x_0 处**可导**或**存在导数**,并称此极限值为函数 $f(x)$ 在点 x_0 处的**导数**,可用下列记号

$$y'\big|_{x=x_0}, \quad f'(x_0), \quad \frac{\mathrm{d}y}{\mathrm{d}x}\bigg|_{x=x_0}, \quad \frac{\mathrm{d}f}{\mathrm{d}x}\bigg|_{x=x_0}$$

中的任何一个表示,如

$$f'(x_0) = \lim_{\Delta x \to 0} \frac{f(x_0+\Delta x) - f(x_0)}{\Delta x}.$$

若记 $x_0+\Delta x = x$,则 $f(x)$ 在点 x_0 处的导数可写为

$$f'(x_0) = \lim_{x \to x_0} \frac{f(x) - f(x_0)}{x - x_0}.$$

当(1)式中的极限不存在时,就说函数 $f(x)$ 在点 x_0 处**不可导**或**不存在导数**. 特别地,当(1)式中的极限为正(负)无穷大时,有时也称 $f(x)$ 在点 x_0 处的导数是正(负)无穷大,但需要注意的是此时导数并不存在.

由例 2 可知,导数 $f'(x_0)$ 的几何意义是曲线 $y=f(x)$ 在点 $M_0(x_0,y_0)$ 处的切线斜率. 于是曲线 $y=f(x)$ 在点 M_0 处的切线方程为

$$y - f(x_0) = f'(x_0)(x - x_0).$$

若 $f'(x_0) \neq 0$,则 $y=f(x)$ 在点 M_0 处的法线(过切点且与切线垂直的直线)方程为

$$y - f(x_0) = -\frac{1}{f'(x_0)}(x - x_0).$$

在导数的定义中,自变量 x 的改变量 Δx 的符号不受限制,但有时也需要考虑 Δx 仅为正或仅为负的情形.

定义 2.2 若极限

$$\lim_{\Delta x \to 0^-} \frac{\Delta y}{\Delta x} = \lim_{\Delta x \to 0^-} \frac{f(x_0+\Delta x) - f(x_0)}{\Delta x}$$

$$\left(\lim_{\Delta x\to 0^+}\frac{\Delta y}{\Delta x}=\lim_{\Delta x\to 0^+}\frac{f(x_0+\Delta x)-f(x_0)}{\Delta x}\right)$$

存在,则称函数 $f(x)$ 在点 x_0 处左(右)可导,其极限值为函数 $f(x)$ 在点 x_0 处的左(右)导数,记作 $f'_-(x_0)(f'_+(x_0))$.

显然,函数 $f(x)$ 在点 x_0 处可导的充要条件是 $f(x)$ 在点 x_0 处的左、右导数都存在且相等.这时

$$f'_-(x_0)=f'_+(x_0)=f'(x_0).$$

研究分段函数在分段点处的可导性时,常常要分左、右导数来讨论.

例 3　已知 $f'(x_0)=5$,求 $\lim\limits_{\Delta x\to 0}\dfrac{f(x_0+2\Delta x)-f(x_0-3\Delta x)}{\Delta x}$.

解　由已知条件及导数定义,

$$\lim_{\Delta x\to 0}\frac{f(x_0+2\Delta x)-f(x_0-3\Delta x)}{\Delta x}$$

$$=\lim_{\Delta x\to 0}\left[\frac{f(x_0+2\Delta x)-f(x_0)}{\Delta x}+\frac{f(x_0)-f(x_0-3\Delta x)}{\Delta x}\right]$$

$$=2\lim_{\Delta x\to 0}\frac{f(x_0+2\Delta x)-f(x_0)}{2\Delta x}+3\lim_{\Delta x\to 0}\frac{f(x_0)-f(x_0-3\Delta x)}{3\Delta x}$$

$$=2f'(x_0)+3f'(x_0)=5f'(x_0)=25.$$

定理 2.1　若函数 $f(x)$ 在点 x_0 处导数 $f'(x_0)$ 存在,则 $f(x)$ 在点 x_0 处必连续.

证明　因为 $\Delta y=\dfrac{\Delta y}{\Delta x}\cdot\Delta x(\Delta x\neq 0)$,故

$$\lim_{\Delta x\to 0}\Delta y=\lim_{\Delta x\to 0}\frac{\Delta y}{\Delta x}\cdot\lim_{\Delta x\to 0}\Delta x=f'(x_0)\cdot 0=0.$$

但函数在一点处连续不能保证它在该点处可导.

例 4　试证:函数 $y=|x|$ 在点 $x=0$ 处连续,但不可导.

证明　因为

$$\Delta y=f(0+\Delta x)-f(0)=|\Delta x|,$$

显然当 $\Delta x\to 0$ 时,$\Delta y\to 0$,即 $y=|x|$ 在点 $x=0$ 处连续.但由于

$$f'_-(0)=\lim_{\Delta x\to 0^-}\frac{\Delta y}{\Delta x}=\lim_{\Delta x\to 0^-}\frac{|\Delta x|}{\Delta x}=-1,$$

$$f'_+(0)=\lim_{\Delta x\to 0^+}\frac{\Delta y}{\Delta x}=\lim_{\Delta x\to 0^+}\frac{|\Delta x|}{\Delta x}=1,$$

故 $y=|x|$ 在点 $x=0$ 处不可导.从几何上易知,曲线 $y=|x|$ 在点 $(0,0)$ 处无切线(图 2.2).

当 $x\neq 0$ 时,有

$$|x|' = \operatorname{sgn} x = \begin{cases} 1, & x>0, \\ -1, & x<0. \end{cases}$$

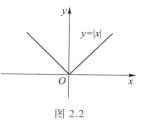

图 2.2

例 4 告诉我们,从几何上看,函数连续意味着其图形上没有断开的点,函数可导则意味着函数图形必"平滑",没有"尖点".

例 5 试证:函数

$$f(x) = \begin{cases} x\sin\dfrac{1}{x}, & x\neq 0, \\ 0, & x=0 \end{cases}$$

在点 $x=0$ 处连续,但不可导.

证明 因为

$$\lim_{x\to 0} f(x) = \lim_{x\to 0} x\sin\frac{1}{x} = 0 = f(0),$$

所以函数在点 $x=0$ 处连续. 又因为

$$\frac{\Delta y}{\Delta x} = \frac{f(\Delta x) - f(0)}{\Delta x} = \frac{\Delta x\sin\dfrac{1}{\Delta x}}{\Delta x} = \sin\frac{1}{\Delta x}$$

在 $\Delta x\to 0$ 时极限不存在,所以函数在点 $x=0$ 处不可导. □

若函数在一点处连续但不可导,则其图形在对应点处无切线,或切线垂直于 x 轴,后者也可称为导数为无穷大.

定义 2.3 若函数 $y=f(x)$ 在区间 (a,b) 内每一点处均可导,则称 $f(x)$ 在区间 (a,b) 内可导,简记为 $f(x)\in D(a,b)$. 此时,在 (a,b) 内每一个点 x 处都有一个确定的导数值

$$\lim_{\Delta x\to 0}\frac{f(x+\Delta x) - f(x)}{\Delta x}$$

与之对应,则在区间 (a,b) 内确定了一个新的函数,称为 $y=f(x)$ 的**导函数**,记为

$$y', \quad f'(x), \quad \frac{\mathrm{d}y}{\mathrm{d}x} \quad \text{或} \quad \frac{\mathrm{d}f}{\mathrm{d}x},$$

即

$$f'(x) = \lim_{\Delta x\to 0}\frac{f(x+\Delta x) - f(x)}{\Delta x}, \quad x\in(a,b).$$

显然,导函数 $f'(x)$ 在点 x_0 处的值,就是函数 $f(x)$ 在点 x_0 处的导数,即

$$f'(x)\big|_{x=x_0} = f'(x_0).$$

故导函数也简称为导数.

定义 2.4 若函数 $y=f(x)$ 的导函数 $f'(x)$ 仍可导,则称 $f'(x)$ 的导数 $[f'(x)]'$ 为函数 $y=f(x)$ 的二阶导数,记为

$$y'', \quad f''(x), \quad \frac{\mathrm{d}^2 y}{\mathrm{d}x^2} \quad 或 \quad \frac{\mathrm{d}^2 f}{\mathrm{d}x^2},$$

即

$$f''(x) = \lim_{\Delta x \to 0} \frac{f'(x+\Delta x) - f'(x)}{\Delta x}.$$

$f''(x)$ 的导函数若存在,则将其记为 $f'''(x)$,称为 $f(x)$ 的**三阶导数**.

一般地,若 $y = f(x)$ 的 n **阶导数**(n 为任意自然数)存在,即

$$f^{(n)}(x) = \lim_{\Delta x \to 0} \frac{f^{(n-1)}(x+\Delta x) - f^{(n-1)}(x)}{\Delta x},$$

则可记为

$$y^{(n)}, \quad f^{(n)}(x), \quad \frac{\mathrm{d}^n y}{\mathrm{d}x^n} \quad 或 \quad \frac{\mathrm{d}^n f}{\mathrm{d}x^n}.$$

函数 $f(x)$ 的导数 $f'(x)$ 称为 $f(x)$ 的一阶导数,二阶及以上的各阶导数统称为**高阶导数**.

对于非匀速直线运动,若已知质点运动的位移和时间的关系为 $s = s(t)$,则速度 $v(t)$ 是位移 $s(t)$ 对时间 t 的导数,即 $v(t) = s'(t)$. 而加速度 $a(t)$ 又是速度 $v(t)$ 对时间 t 的导数,即 $a(t) = v'(t)$,所以加速度 $a(t)$ 是位移 $s(t)$ 对时间 t 的二阶导数,即 $a(t) = s''(t)$.

2.1.3　问题的深入:导数的计算

高中阶段已经给出部分基本初等函数导数的计算公式. 有了反函数概念后,下面是一些常用函数的导数公式,请读者务必熟记,其中

$$\sec x = \frac{1}{\cos x}, \quad \csc x = \frac{1}{\sin x}.$$

(1) $(C)' = 0, C$ 为常数;　　　　　　(2) $(x^\mu)' = \mu x^{\mu-1}$;

(3) $(a^x)' = a^x \ln a (a>0, a \neq 1)$;　　(4) $(e^x)' = e^x$;

(5) $(\log_a x)' = \dfrac{1}{x \ln a} (a>0, a \neq 1)$;　(6) $(\ln x)' = \dfrac{1}{x}$;

(7) $(\sin x)' = \cos x$;　　　　　　(8) $(\cos x)' = -\sin x$;

(9) $(\tan x)' = \dfrac{1}{\cos^2 x} = \sec^2 x$;　　(10) $(\cot x)' = -\dfrac{1}{\sin^2 x} = -\csc^2 x$;

(11) $(\sec x)' = \sec x \tan x$;　　　　(12) $(\csc x)' = -\csc x \cot x$;

(13) $(\arcsin x)' = \dfrac{1}{\sqrt{1-x^2}}, -1<x<1$;　(14) $(\arccos x)' = -\dfrac{1}{\sqrt{1-x^2}}, -1<x<1$;

(15) $(\arctan x)' = \dfrac{1}{1+x^2}$;　　　(16) $(\text{arccot } x)' = -\dfrac{1}{1+x^2}$.

高中阶段大家就曾学过四则运算求导法则和复合函数求导法则,这里也列在下面.

定理 2.2　若函数 $u = u(x), v = v(x)$ 在点 x_0 处均可导,则函数

$$y = u \pm v, \quad y = uv, \quad y = \frac{u}{v} \, (v \neq 0)$$

在点 x_0 处也均可导,且

(1) $(u \pm v)' = u' \pm v'$;

(2) $(uv)' = u'v + uv'$;

(3) $\left(\dfrac{u}{v} \right)' = \dfrac{u'v - uv'}{v^2} \, (v \neq 0)$.

定理 2.2 中(1)和(2)的情形可推广到任意有限个函数的情形.

定理 2.3(复合函数求导法则) 若

(1) 函数 $u = \varphi(x)$ 在点 x 处可导且 $u'_x = \varphi'(x)$;

(2) 函数 $y = f(u)$ 在对应点 $u = \varphi(x)$ 处也可导且 $y'_u = f'(u)$,

则复合函数 $y = f[\varphi(x)]$ 在点 x 处可导,且

$$\frac{dy}{dx} = \frac{dy}{du} \frac{du}{dx},$$

即

$$\{f[\varphi(x)]\}'_x = f'_u[\varphi(x)] \varphi'_x(x).$$

用数学归纳法,容易将这一法则推广到任意有限次复合的函数上去. 例如,设

$$y = f(u), \quad u = \varphi(v), \quad v = \psi(x)$$

均可导,则复合函数 $y = f\{\varphi[\psi(x)]\}$ 也可导,且

$$\frac{dy}{dx} = \frac{dy}{du} \frac{du}{dv} \frac{dv}{dx} = f'(u) \varphi'(v) \psi'(x).$$

复合函数求导法则一般也可称作**链式法则**.

例 6 因为

$$(\tan x)' = \left(\frac{\sin x}{\cos x} \right)' = \frac{(\sin x)' \cos x - \sin x (\cos x)'}{\cos^2 x}$$

$$= \frac{\cos^2 x + \sin^2 x}{\cos^2 x} = \frac{1}{\cos^2 x},$$

所以,可推出公式(9)

$$(\tan x)' = \frac{1}{\cos^2 x} = \sec^2 x.$$

同理,可推出公式(10)—(12).

例 7 函数 $f(x) = \dfrac{x}{(x+1)(x+2) \cdots (x+2\,022)}$,求 $f'(0)$.

解 若先运用求导法则计算导函数再代入自变量的值,计算起来会比较麻烦. 若直接使用导数的定义,则容易得到

$$f'(0) = \lim_{x \to 0} \frac{f(0+x) - f(0)}{x}$$

$$=\lim_{x\to 0}\frac{\dfrac{x}{(x+1)(x+2)\cdots(x+2\,022)}-0}{x}$$

$$=\frac{1}{1\cdot 2\cdots\cdot 2\,022}=\frac{1}{2\,022!}.$$

例 8 求函数 $y=\ln(x+\sqrt{1+x^2})$ 的导数.

解 $\left[\ln(x+\sqrt{1+x^2})\right]'=\dfrac{1}{x+\sqrt{1+x^2}}\left(1+\dfrac{1}{2\sqrt{1+x^2}}2x\right)=\dfrac{1}{\sqrt{x^2+1}}.$

除了上面的求导法则之外,对于一些特殊类型的函数,还需要用到下面几个定理.

定理 2.4(反函数求导法则) 设 $x=\varphi(y)$ 在 y 的某区间内连续且单调,在该区间内点 y 处可导,且 $\varphi'(y)\neq 0$,则其反函数 $y=f(x)$ 在 y 的对应点 x 处亦可导,且

$$f'(x)=\frac{1}{\varphi'(y)}.$$

证明 由 $x=\varphi(y)$ 连续且单调知,$y=f(x)$ 也是连续且单调的,给 x 以增量 $\Delta x\neq 0$,显然

$$\Delta y=f(x+\Delta x)-f(x)\neq 0,$$

于是

$$\frac{\Delta y}{\Delta x}=\frac{1}{\dfrac{\Delta x}{\Delta y}}.$$

由于这里 $\Delta x\to 0$ 等价于 $\Delta y\to 0$,又 $\varphi'(y)\neq 0$,故

$$f'(x)=\lim_{\Delta x\to 0}\frac{\Delta y}{\Delta x}=\frac{1}{\lim\limits_{\Delta y\to 0}\dfrac{\Delta x}{\Delta y}}=\frac{1}{x'_y}=\frac{1}{\varphi'(y)}.$$

从导数的几何意义上看(图 2.3),有 $\alpha+\beta=\dfrac{\pi}{2}$,所以 $\tan\alpha=\dfrac{1}{\tan\beta}$,这个结果是显然的. 简单地说,对于一元函数,反函数(如果存在的话)的导数等于原函数导数的倒数.

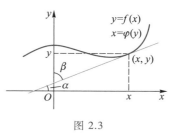

图 2.3

例 9 在 $y\in\left(-\dfrac{\pi}{2},\dfrac{\pi}{2}\right)$ 时,由于 $x=\sin y$ 单调增加、可导,且 $(\sin y)'=\cos y>0$,于是由定理 2.4 可推出导数公式(13)

$$(\arcsin x)'=\frac{1}{(\sin y)'}=\frac{1}{\cos y}=\frac{1}{\sqrt{1-\sin^2 y}}=\frac{1}{\sqrt{1-x^2}},\quad -1<x<1.$$

同样可推出公式(14)—(16).

定理 2.5 若 $x=\varphi(t),y=\psi(t)$ 在点 t 处可导,且 $\varphi'(t)\neq 0,x=\varphi(t)$ 在点 t 的某邻域内是单调

的连续函数,则参数方程 $\begin{cases} x = \varphi(t), \\ y = \psi(t) \end{cases}$ 确定的函数在点 $x = \varphi(t)$ 处亦可导,且

$$\frac{\mathrm{d}y}{\mathrm{d}x} = \frac{\psi'(t)}{\varphi'(t)}.$$

例 10 摆线是一种久负盛名的曲线,如图 2.4 所示,若将圆上一点 P 贴合在原点,圆开始向右沿 x 轴滚动,点 P 的运动轨迹便是摆线. 它的轨迹方程为

$$\begin{cases} x = a(t - \sin t), \\ y = a(1 - \cos t), \end{cases}$$

下面求摆线在 $t = \dfrac{\pi}{2}$ 处的切线方程.

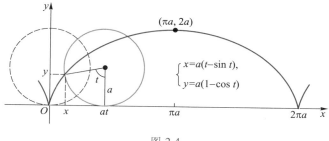

图 2.4

解 由于

$$\frac{\mathrm{d}y}{\mathrm{d}x} = \frac{a \sin t}{a(1 - \cos t)} = \frac{\sin t}{1 - \cos t} \quad (t \neq 2k\pi, k \in \mathbf{Z}),$$

所以摆线在 $t = \dfrac{\pi}{2}$ 处的切线斜率为

$$\left. \frac{\mathrm{d}y}{\mathrm{d}x} \right|_{t = \frac{\pi}{2}} = \left. \frac{\sin t}{1 - \cos t} \right|_{t = \frac{\pi}{2}} = 1.$$

摆线上对应于 $t = \dfrac{\pi}{2}$ 的点是 $\left(\left(\dfrac{\pi}{2} - 1 \right) a, a \right)$,故所求切线方程为

$$y - a = x - \left(\frac{\pi}{2} - 1 \right) a,$$

即

$$x - y + \left(2 - \frac{\pi}{2} \right) a = 0.$$

下面举例说明求隐函数导数的一般方法.

例 11 求隐函数 $xy - \mathrm{e}^x + \mathrm{e}^y = 0$ 的导数.

解 设想把 $xy - \mathrm{e}^x + \mathrm{e}^y = 0$ 所确定的函数 $y = y(x)$ 代入方程,则得恒等式

$$xy - \mathrm{e}^x + \mathrm{e}^y = 0,$$

此恒等式两边同时对 x 求导,得

$$(xy)'_x - (\mathrm{e}^x)'_x + (\mathrm{e}^y)'_x = (0)'_x.$$

因为 y 是 x 的函数,所以 e^y 是 x 的复合函数,求导时要用复合函数求导法,故有

$$y + xy' - \mathrm{e}^x + \mathrm{e}^y y' = 0,$$

由此解得

$$y' = \frac{\mathrm{e}^x - y}{\mathrm{e}^y + x}.$$

2.1.4　问题的拓展:导数在经济学中的应用

下边介绍导数概念在经济学中的两个重要应用——边际分析和弹性分析.

1. 边际和边际分析

边际是经济学中的一个重要概念,通常指经济变量的变化率. 利用导数研究经济变量的边际变化,即边际分析方法,是经济理论中的一个重要分析方法.

在经济学中,边际成本定义为产量增加一个单位时所增加的总成本.

定义 2.5　设某产品产量为 x 单位时所需的总成本为 $C = C(x)$,称 $C(x)$ 为**总成本函数**,简称**成本函数**,当产量由 x 变为 $x + \Delta x$ 时,总成本函数的增量为

$$\Delta C = C(x + \Delta x) - C(x).$$

这时,总成本函数的平均变化率为

$$\frac{\Delta C}{\Delta x} = \frac{C(x + \Delta x) - C(x)}{\Delta x},$$

这表示产量由 x 变到 $x + \Delta x$ 时,在平均意义下的边际成本.

当总成本函数 $C(x)$ 可导时,其变化率

$$C'(x) = \lim_{\Delta x \to 0} \frac{\Delta C}{\Delta x} = \lim_{\Delta x \to 0} \frac{C(x + \Delta x) - C(x)}{\Delta x}$$

表示该产品产量为 x 时的边际成本,即**边际成本**是总成本函数关于产量的导数. 其经济意义是: $C'(x)$ 近似等于产量为 x 时再多生产一个单位产品所需增加的成本,这是因为

$$C(x + 1) - C(x) = \Delta C \approx C'(x).$$

在经济学中,边际收入定义为多销售一个单位产品所增加的销售总收入.

定义 2.6　设某产品的销售量为 x 时的总收入 $R = R(x)$,称 $R(x)$ 为**总收入函数**,简称**收入函数**,当总收入函数 $R(x)$ 可导时,其变化率

$$R'(x) = \lim_{\Delta x \to 0} \frac{\Delta R}{\Delta x} = \lim_{\Delta x \to 0} \frac{R(x + \Delta x) - R(x)}{\Delta x}$$

称为该产品销售量为 x 时的**边际收入**,它近似等于销售量为 x 时再多销售一个单位产品所增加的收入.

定义 2.7　设某产品销售量为 x 时的总利润 $L = L(x)$,称 $L(x)$ 为**总利润函数**,简称**利润函数**,当 $L(x)$ 可导时,称 $L'(x)$ 为当销售量为 x 时的**边际利润**,它近似等于销售量为 x 时再多销售一个

单位产品所增加的利润.

由于总利润为总收入与总成本之差,即有

$$L(x) = R(x) - C(x).$$

由导数运算法则可知

$$L'(x) = R'(x) - C'(x),$$

即边际利润为边际收入与边际成本之差.

例 12 设某厂每月生产产品的固定成本为 1 000 元,生产 x 单位产品的可变成本为 $0.01x^2 + 10x$(单位:元). 如果每单位产品的销售价为 30 元,试求边际成本、利润函数及边际利润为零时的产量.

解 总成本为可变成本与固定成本之和,依题设,成本函数为

$$C(x) = 0.01x^2 + 10x + 1\,000,$$

于是,边际成本函数为

$$C'(x) = 0.02x + 10.$$

收入函数为 $R(x) = 30x$,故利润函数为

$$L(x) = R(x) - C(x) = -0.01x^2 + 20x - 1\,000,$$

于是,边际利润函数为

$$L'(x) = 0.02(1\,000 - x).$$

可见,当月产量为 1 000 个单位时,边际利润为零,说明当月产量达 1 000 个单位时,再多生产一个单位产品不会增加利润.

例 13 设某产品的需求函数为 $x = 100 - 5p$,其中 p 为价格,x 为需求量,求边际收入函数,以及 $x = 20, 50$ 和 70 时的边际收入,并解释所得结果的经济意义.

解 收入函数为 $R(x) = px$,而由题设的需求函数有 $p = \dfrac{1}{5}(100 - x)$,于是,收入函数为

$$R(x) = px = \frac{1}{5}(100 - x)x,$$

所以,边际收入函数为

$$R'(x) = \frac{1}{5}(100 - 2x),$$

且

$$R'(20) = 12, \quad R'(50) = 0, \quad R'(70) = -8.$$

由所得结果可知,若通过调整价格来促销,当销售量即需求量为 20 个单位时,扩大销售可使总收入增加,再多销售一个单位产品,总收入约增加 12 个单位;当销售量为 50 个单位时,总收入达到最大值,再扩大销售不会使总收入增加;当销售量为 70 个单位时,再多销售一个单位产品,反而使总收入约减少 8 个单位,或者说,再少销售一个单位产品,将使总收入少损失 8 个单位.

2. 弹性与弹性分析

弹性是经济学中的另一个重要概念,用来定量地描述一个经济变量对另一个经济变量变化的反应程度,或者说,一个经济变量变动百分之一会使另一个经济变量变动百分之几.

我们先给出一般函数的弹性定义如下:

定义 2.8　设函数 $y=f(x)$ 在点 $x_0(x_0\neq 0)$ 的某领域内有定义,且 $f(x_0)\neq 0$,如果极限

$$\lim_{\Delta x\to 0}\frac{\Delta y/f(x_0)}{\Delta x/x_0}=\lim_{\Delta x\to 0}\frac{[f(x_0+\Delta x)-f(x_0)]/f(x_0)}{\Delta x/x_0}$$

存在,则称此极限值为函数 $y=f(x)$ 在点 x_0 处的点弹性,记为 $\left.\dfrac{Ey}{Ex}\right|_{x=x_0}$. 若函数 $y=f(x)$ 在区间 (a,b) 内可导,且 $f(x)\neq 0$,则称

$$\frac{Ey}{Ex}=\frac{xf'(x)}{f(x)}$$

为函数 $y=f(x)$ 在区间 (a,b) 内的点弹性函数,简称为弹性函数.

　　由定义可知,函数的弹性与变量所用的计量单位无关,这样使得弹性的概念在经济学中得到广泛的应用. 虽然经济中各个商品的计量单位不尽相同,但是比较不同商品的弹性时,可不受计量单位的限制. 在市场分析中常常需要研究价格的变动对需求量变化的影响程度,但单单了解需求改变量 ΔQ 随价格的改变量 Δp 的变化不足以说明问题. 例如,对于售价分别为 1 000 元和 10 元的商品,如果同样都降价 5 元,对需求量的影响显然是大不相同的. 因此需要进一步考虑单价的变化幅度对于需求量变化幅度的影响,即单价相对增量 $\dfrac{\Delta p}{p}$ 对于需求量相对增量 $\dfrac{\Delta Q}{Q}$ 的影响.

定义 2.9　设某商品的市场需求量为 Q,价格为 p,需求函数 $Q=Q(p)$ 可导,则称

$$\frac{EQ}{Ep}=\frac{p}{Q(p)}\frac{\mathrm{d}Q}{\mathrm{d}p}$$

为该商品的需求价格弹性,简称为**需求弹性**,常记为 ε_p.

　　例 14　设某商品的需求函数 $Q=400-100p$,求 $p=1,2,3$ 时的需求价格弹性,并给出适当的经济学解释.

　　解　由 $\dfrac{\mathrm{d}Q}{\mathrm{d}p}=-100$,可得

$$\varepsilon_p=\frac{p}{Q}\frac{\mathrm{d}Q}{\mathrm{d}p}=\frac{-100p}{400-100p}=\frac{p}{p-4}.$$

当 $p=1$ 时,$|\varepsilon_p|=\dfrac{1}{3}<1$ 为低弹性,此时降价将使总收益减少,提价使总收益增加;

当 $p=2$ 时,$|\varepsilon_p|=1$ 为单位弹性,此时提价或降价对总收益没有明显影响;

当 $p=3$ 时,$|\varepsilon_p|=3>1$ 为高弹性,此时降价将使总收益增加,提价使总收益减少.

习题 2.1

1. 若 $f'(a)$ 存在,求下列极限:

(1) $\lim\limits_{h\to 0}\dfrac{f(a-h)-f(a)}{h}$;

(2) $\lim\limits_{n\to\infty}n\left[f(a)-f\left(a+\dfrac{1}{n}\right)\right]$.

2. 讨论下列函数在点 $x=0$ 处的连续性与可导性:

(1) $f(x)=\begin{cases} x, & x<0, \\ \ln(1+x), & x\geqslant 0; \end{cases}$

(2) $f(x)=\begin{cases} \sqrt[3]{x}\sin\dfrac{1}{x} & x\neq 0, \\ 0, & x=0; \end{cases}$

(3) $f(x)=\arctan\dfrac{1}{x}$.

3. 设 $F(x)=\begin{cases} f(x), & x\leqslant x_0, \\ ax+b, & x>x_0, \end{cases}$ 其中 $f(x)$ 在点 x_0 处左导数 $f'_-(x_0)$ 存在,要使 $F(x)$ 在点 x_0 处可导,问 a 和 b 应取何值?

4. 求曲线 $y=\dfrac{1}{\sqrt{x}}$ 在点 $\left(\dfrac{1}{4},2\right)$ 处的切线方程和法线方程.

5. 求函数 $y=\dfrac{x^3}{3}+\dfrac{x^2}{2}-2x$ 在点 $x=0$ 处的导数和导数为零的点.

6. 当 a 取何值时,曲线 $y=a^x$ 和直线 $y=x$ 相切,并求出切点坐标.

7. 求下列函数的导数:

(1) $y=\sqrt{x+\sqrt{x+\sqrt{x}}}$;

(2) $y=\arctan \mathrm{e}^{2x}+\ln\sqrt{\dfrac{\mathrm{e}^{2x}}{\mathrm{e}^{2x}+1}}$;

(3) $y=\tan x-\dfrac{1}{3}\tan^3 x+\dfrac{1}{5}\tan^5 x$;

(4) $y=\ln\dfrac{1+\sqrt{\sin x}}{1-\sqrt{\sin x}}+2\mathrm{arccot}\sqrt{\sin x}$.

8. 已知 $y=f\left(\dfrac{3x-2}{3x+2}\right)$, $f'(x)=\arctan x^2$, 求 $y'\big|_{x=0}$.

9. 求下列隐函数的导函数或指定点处的导数:

(1) $2^x+2y=2^{x+y}$;

(2) $x^2+2xy-y^2=2x$, 求 $y'\big|_{x=2}$.

10. 设 $x=\varphi(y)$ 与 $y=f(x)$ 互为反函数, $\varphi(2)=1$, 且 $f'(1)=3$, 求 $\varphi'(2)$.

11. 求下列函数的导函数或指定点处的导数:

(1) $y=(\sin x)^{\cos x}$;

(2) $y=(1+x^2)^{\frac{1}{x}}$, 求 $y'(1)$;

(3) $y=\sqrt[3]{\dfrac{x(x^2+1)}{(x^2-1)^2}}$;

(4) $x^y+y^x=3$, 求 $y'(1)$.

12. 求下列参数方程确定的函数的导数 y'_x:

(1) $\begin{cases} x=\ln(1+t^2), \\ y=t-\arctan t; \end{cases}$

(2) $\begin{cases} x=\mathrm{e}^t\sin t, \\ y=\mathrm{e}^t(\sin t-\cos t). \end{cases}$

2.2 近似值计算问题

2.2.1 问题的引入:复杂函数近似值计算

高中阶段我们只能计算一些简单函数在给定自变量处的取值,而对于复杂的函数则需要利用计算机来计算,那么计算机运算的原理是什么呢?让我们先从简单的函数讲起.

例如,计算 $\sqrt[5]{1.01}$ 与 $\sqrt[5]{1.001}$ 的近似值,在精度要求不高的情况下,二者都可以近似地看成 $\sqrt[5]{1}$. 但是若要区分 $\sqrt[5]{1.01}$ 与 $\sqrt[5]{1.001}$,必须采用方便计算且具有更高精度的方法.

2.2.2　问题的分析:微分的概念

不难发现 $\sqrt[5]{1}$ 与 $\sqrt[5]{1.01}$ 分别对应 $y=\sqrt[5]{x}$ 在自变量取值为 1 与 1.01 时的函数值. 从 1 到 1.01,自变量的改变是微小的,而在自变量有微小变化时函数的改变是区分二者的关键. 为解决这个问题,我们先来讨论热胀冷缩问题.

例 1　已知一个正方形金属薄片的边长为 a,当环境温度发生变化时,边长会因为热胀冷缩而发生变化,假设变化量为 Δx,则金属薄片的面积 A 的变化量为

$$\Delta A = (a+\Delta x)^2 - a^2 = 2a\Delta x + (\Delta x)^2.$$

如果用 $2a\Delta x$ 作为 ΔA 的近似值,计算很方便,而且当 Δx 很小时,与 Δx 相比 $(\Delta x)^2$ 可以略去,能够得到较高的近似精度,即

$$\Delta y = 2a\Delta x + (\Delta x)^2 \approx 2a\Delta x.$$

对于一般的函数 $y=f(x)$,当自变量的增量 Δx 很小时,如果函数增量 Δy 可以类似地表示为

$$\Delta y = f(x_0+\Delta x) - f(x_0) \approx A\Delta x,$$

其中 A 是与 Δx 无关的常数,则称 $A\Delta x$ 为函数 $y=f(x)$ 在点 x 处的微分,记为 dy 或 $df(x)$,即
$$dy = A\Delta x.$$
可以证明,$A=f'(x_0)$.

微分的几何解释如图 2.5 所示. 当自变量由 x_0 增加到 $x_0+\Delta x$ 时,函数增量 $\Delta y=f(x_0+\Delta x)-f(x_0)$,而函数 $f(x)$ 在点 x_0 处的微分则是函数图形在点 $(x_0,f(x_0))$ 处的切线上与 Δx 所对应的增量 $dy=f'(x_0)\Delta x$. 当 $|\Delta x|$ 充分小时,Δy 与 $f'(x_0)\Delta x$ 非常接近. 记 $\Delta x = dx$,$dy=f'(x_0)dx$,则 dy 为函数在点 x_0 处的微分.

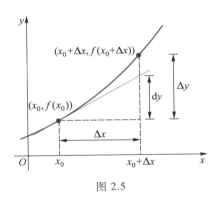

图 2.5

实际上,由图 2.5 可知,所谓的微分就是在局部以切线代替曲线,其重要的应用就是通过这种线性逼近的方式求函数的近似值.由 $\Delta y \approx dy$,不难得出函数在点 x_0 处的近似计算公式

$$f(x_0+\Delta x) \approx f(x_0) + f'(x_0)\Delta x.$$

利用此公式很容易得到工程上常用的一些函数的近似公式:当 $|x|$ 充分小时,有

$$\sin x \approx x, \quad \tan x \approx x, \quad e^x \approx 1+x,$$

$$\ln(1+x) \approx x, \quad (1+x)^\mu \approx 1+\mu x.$$

2.2.3　问题的解决:近似计算

例 2　分别求 $\sqrt[5]{1.01}$ 和 $\sqrt[5]{1.001}$ 的近似值.

解 由 $f(x_0+\Delta x)\approx f(x_0)+f'(x_0)\Delta x$，可得近似公式 $(1+x)^\mu\approx 1+\mu x$，则

$$\sqrt[5]{1.01}=(1+0.01)^{\frac{1}{5}}\approx 1+\frac{1}{5}\times 0.01=1.002,$$

$$\sqrt[5]{1.001}=(1+0.001)^{\frac{1}{5}}\approx 1+\frac{1}{5}\times 0.001=1.000\,2.$$

使用计算器计算得到 $\sqrt[5]{1.01}=1.001\,992\,0\cdots$，$\sqrt[5]{1.001}=1.000\,199\,9\cdots$. 通过此例可看出，不借助计算器，使用微分逼近法即可有效计算函数在某一点处的近似值.

例 3 求 $\tan 46°$ 的近似值.

解 因三角函数的导数公式是在弧度制下得到的，所以要把 $46°$ 化为弧度 $\frac{\pi}{4}+\frac{\pi}{180}$. 故需计算函数 $f(x)=\tan x$ 在点 $x=\frac{\pi}{4}+\frac{\pi}{180}$ 处的值. 由于

$$f\left(\frac{\pi}{4}\right)=\tan\frac{\pi}{4}=1,\quad f'\left(\frac{\pi}{4}\right)=(\tan x)'\Big|_{x=\frac{\pi}{4}}=\frac{1}{\cos^2\frac{\pi}{4}}=2,$$

令 $x_0=\frac{\pi}{4}$，$\Delta x=\frac{\pi}{180}$，则由 $f(x_0+\Delta x)\approx f(x_0)+f'(x_0)\Delta x$ 得

$$\tan 46°=\tan\left(\frac{\pi}{4}+\frac{\pi}{180}\right)\approx 1+2\times\frac{\pi}{180}\approx 1.035.$$

2.2.4 问题的拓展：近似计算的更高精度

前面虽然解决了某些函数近似计算的问题，但是当精度要求较高的时候，上面的公式就无法满足需求了. 而且注意到上面的公式虽然简单，但也同样有一定的局限性，它需要满足 $\Delta x\to 0$. 除此之外，还有第一章介绍的无理数 e，如何计算 e 的近似值？这些都是本小节要解决的问题.

经过几代数学家的努力，最终由英国数学家泰勒（Taylor）将前述近似公式加以推广，得到了下面的泰勒公式.

定理 2.6 若函数 $f(x)$ 在点 x_0 的邻域内具有 $n+1$ 阶导数，则函数 $f(x)$ 在点 x_0 处可以展开成

$$f(x)=f(x_0)+f'(x_0)(x-x_0)+\frac{f''(x_0)}{2!}(x-x_0)^2+\cdots+$$

$$\frac{f^{(n)}(x_0)}{n!}(x-x_0)^n+\frac{f^{(n+1)}(\xi)}{(n+1)!}(x-x_0)^{n+1}\quad(|\xi-x_0|<|x-x_0|).$$

上述公式称为 n 阶泰勒公式. 当 $x_0=0$ 时，此公式又称为 n 阶麦克劳林（Maclaurin）公式，即

$$f(x)=f(0)+\frac{f'(0)}{1!}x+\frac{f''(0)}{2!}x^2+\cdots+$$

$$\frac{f^{(n)}(0)}{n!}x^n+\frac{f^{(n+1)}(\theta x)}{(n+1)!}x^{n+1}\quad(0<\theta<1).$$

运用高阶导数公式不难得到下列几个初等函数的麦克劳林公式:

(1) $e^x = 1 + x + \dfrac{x^2}{2!} + \cdots + \dfrac{x^n}{n!} + \dfrac{e^{\theta x}}{(n+1)!} x^{n+1}$;

(2) $\sin x = x - \dfrac{x^3}{3!} + \dfrac{x^5}{5!} - \cdots + (-1)^m \dfrac{x^{2m+1}}{(2m+1)!} + (-1)^{m+1} \dfrac{\cos \theta x}{(2m+3)!} x^{2m+3}$;

(3) $\cos x = 1 - \dfrac{x^2}{2!} + \dfrac{x^4}{4!} - \cdots + (-1)^m \dfrac{x^{2m}}{(2m)!} + (-1)^{m+1} \dfrac{\cos \theta x}{(2m+2)!} x^{2m+2}$;

(4) $\ln(1+x) = x - \dfrac{x^2}{2} + \dfrac{x^3}{3} - \cdots + (-1)^{n-1} \dfrac{x^n}{n} + (-1)^n \dfrac{x^{n+1}}{(n+1)(1+\theta x)^{n+1}}$;

(5) $(1+x)^\mu = 1 + \mu x + \dfrac{\mu(\mu-1)}{2!} x^2 + \cdots + \dfrac{\mu(\mu-1)\cdots(\mu-n+1)}{n!} x^n +$

$\dfrac{\mu(\mu-1)\cdots(\mu-n)}{(n+1)!} (1+\theta x)^{\mu-n-1} x^{n+1}, \quad \theta \in (0,1)$.

在包含原点且函数及其各阶导数都存在的区间上,上述五个公式均成立.

泰勒公式给出了具有高阶导数的函数的另一种表示方式,对复杂函数的近似计算问题给出了一个完美的解答. 泰勒公式在其他很多方面也是非常有用的,限于本书的篇幅,感兴趣的读者可以参考其他相关教材.

例 4 计算 ln1.2 的值,准确到小数点后第四位.

解 由 $\ln(1+x)$ 的泰勒公式最后一项的表达式,通过试算知 $n=5$ 时满足精度要求,即

$$\left| \dfrac{(0.2)^6}{6(1+\xi)^6} \right| < \dfrac{1}{6} \cdot (0.2)^6 < 0.000\ 011,$$

故

$$\ln 1.2 = \ln(1+0.2)$$

$$\approx 0.2 - \dfrac{1}{2} \times (0.2)^2 + \dfrac{1}{3} \times (0.2)^3 - \dfrac{1}{4} \times (0.2)^4 + \dfrac{1}{5} \times (0.2)^5$$

$$\approx 0.182\ 3.$$

例 5 求无理数 e 的近似值,使误差不超过 10^{-6}.

解 由 e^x 的麦克劳林公式

$$e^x = 1 + x + \dfrac{1}{2!} x^2 + \cdots + \dfrac{1}{n!} x^n + \dfrac{e^{\theta x}}{(n+1)!} x^{n+1} \quad (0 < \theta < 1),$$

取 $x=1$,可得无理数 e 的近似表达式

$$e \approx 1 + 1 + \dfrac{1}{2!} + \cdots + \dfrac{1}{n!},$$

其误差

$$|R_n(1)| = \left| \dfrac{e^\theta}{(n+1)!} \right| < \dfrac{e}{(n+1)!} < \dfrac{3}{(n+1)!}.$$

令 $\dfrac{3}{(n+1)!}<10^{-6}$，确定 $n=9$，可得 $e\approx2.718\,282$，其误差不超过 10^{-6}.

欧拉在 1727 年开始用 e 来表示自然对数的底，1737 年证明了 e 是无理数，1748 年将 e 计算到小数点后 23 位. 冯·诺伊曼（von Neumann）在 1949 年将 e 计算到小数点后 2 010 位. 沃兹尼亚克（Wozniak）在 1978 年将 e 计算到小数点后 116 000 位. 沃特金斯（Watkins）在 2016 年将 e 精确计算到小数点后 5×10^{12} 位.

习题 2.2

1. 应用三阶泰勒公式求下列各数的近似值，并估计误差：

（1）$\sqrt[3]{30}$ ；　　　　　　（2）$\sin 18°$.

2.3　函数作图问题

2.3.1　问题的引入：函数作图

高中阶段我们只能作出一些特殊函数的图形，比如常值函数、幂函数、指数函数、对数函数、三角函数等. 现实生活中我们经常能看到一些复杂的函数和它们的图形，有不少计算机作图软件也可以通过函数表达式自动生成函数的图形，其原理多为描点连线.

那么能否不利用计算机，粗略地作出函数图形呢？学完导数之后，利用函数的单调性、凹凸性和渐近线等，很容易就可以做到这一点.

2.3.2　问题的分析：极值与最值

极值与最值在物理学、经济学、工程、生物学及药学等方面有广泛的应用，我们在生活中经常碰到求解相关问题的情形. 例如，造一个固定容量的罐头瓶，如何控制它的半径与高才能最节省材料；又如在经济学领域已经通过建模得到了收益函数，如何使得利润最大化；再如在光学中，如何确定用时最短的折射路径.

下面给出函数 $f(x)$ 在点 x_0 处的极值的定义.

定义 2.10　设函数 $f(x)$ 在点 x_0 及其附近有定义，若存在点 x_0 的邻域 $U(x_0)$，使得对于所有的 $x\in U(x_0)$，都有

$$f(x)\leqslant f(x_0)\quad(f(x)\geqslant f(x_0)),$$

则称 $f(x_0)$ 为函数 $f(x)$ 的一个**极大（小）值**.

极大值、极小值统称为**极值**，使函数 $f(x)$ 取极值的点 x_0（自变量）称为**极值点**.

关于函数的极值点，有以下必要条件：

定理 2.7（费马（Fermat）定理）　若函数 $f(x)$ 在点 x_0 处可导，且在该点处取极值，则必有

$$f'(x_0)=0.$$

我们将使 $f'(x_0)=0$ 的点 x_0 称为函数 $f(x)$ 的**驻点**.

注意，函数 $f(x)$ 在极值点处可以没有导数. 例如，函数 $f(x)=|x|$ 在点 $x=0$ 处取得极小值，

但在该点处不可导. 如果函数 $f(x)$ 在极值点 x_0 处可导, 那么由费马定理可知 x_0 是 $f(x)$ 的驻点. 但驻点不一定是极值点. 例如, $f(x)=x^3$, 有 $f'(0)=0$, 但 $x=0$ 不是 $f(x)=x^3$ 的极值点.

根据费马定理, 可以找出函数可能取极值的点: 驻点或导数不存在的点. 但它们是否为极值点, 还需要通过其他判别法来辅助判定. 下面是两个常用的判别法.

定理 2.8 (第一判别法)　设函数 $f(x)$ 在点 x_0 的某去心邻域内可微, 在点 x_0 处连续.

(1) 若 $\exists \delta>0$, $\forall x \in (x_0-\delta, x_0)$, $f'(x)>0(<0)$, 且 $\forall x \in (x_0, x_0+\delta)$, $f'(x)<0(>0)$, 则 $f(x_0)$ 为极大值 (极小值);

(2) 当 $x \in \mathring{U}(x_0)$ 时, $f'(x)>0(<0)$, 则 $f(x_0)$ 不是极值.

定理 2.8 指出, 若导数 $f'(x)$ 在点 x_0 的两侧变号, 则 $f(x_0)$ 必是极值; 若导数 $f'(x)$ 在点 x_0 的两侧保持符号不变, 则 $f(x_0)$ 不是极值.

例 1　求函数 $f(x)=x^3(x-5)^2$ 的极值.

解　求导,

$$f'(x)=3x^2(x-5)^2+2x^3(x-5)=5x^2(x-3)(x-5).$$

令 $f'(x)=0$, 得驻点 $x=0,3,5$. 用它们将函数定义域分为四个区间 $(-\infty,0)$, $(0,3)$, $(3,5)$ 和 $(5,+\infty)$, 并检查 $f'(x)$ 的符号变化情况. 具体如下:

x	$(-\infty,0)$	0	$(0,3)$	3	$(3,5)$	5	$(5,+\infty)$
$f'(x)$	+	0	+	0	−	0	+
$f(x)$	↗	非极值	↗	极大值	↘	极小值	↗

可见, 函数 $f(x)$ 在点 $x=0$ 处函数无极值, 在点 $x=3$ 处函数取得极大值, 在点 $x=5$ 处函数取得极小值.

定理 2.9 (第二判别法)　设 $f(x)$ 在点 x_0 处有 $f'(x_0)=0$, $f''(x)$ 存在且 $f''(x_0)\neq 0$, 则

(1) 当 $f''(x_0)<0$ 时, $f(x_0)$ 为极大值;

(2) 当 $f''(x_0)>0$ 时, $f(x_0)$ 为极小值.

例 2　求函数 $f(x)=x^3+3x^2-24x-20$ 的极值.

解　求导

$$f'(x)=3x^2+6x-24=3(x+4)(x-2),$$
$$f''(x)=6x+6,$$

令 $f'(x)=0$, 得驻点 $x=-4$, $x=2$. 由于

$$f''(-4)=-18<0, \quad f''(2)=18>0,$$

由定理 2.9 知, 函数 $f(x)$ 在点 $x=-4$ 处取得极大值, 极大值为 $f(-4)=60$; 在点 $x=2$ 处取得极小值, 极小值为 $f(2)=-48$.

由第一章连续函数的性质知, 连续函数在闭区间上一定存在最值, 以下举例说明如何求解函数在闭区间上的最大 (小) 值.

例 3　求函数 $f(x)=x^{\frac{2}{3}}-(x^2-1)^{\frac{1}{3}}$ 在 $[-2,2]$ 上的最大值与最小值.

解　求导,

$$f'(x) = \frac{2}{3}x^{-\frac{1}{3}} - \frac{1}{3}(x^2-1)^{-\frac{2}{3}}(2x) = \frac{2\left[(x^2-1)^{\frac{2}{3}} - x^{\frac{4}{3}}\right]}{3x^{\frac{1}{3}}(x^2-1)^{\frac{2}{3}}}.$$

令 $f'(x) = 0$，得驻点 $x = \pm\dfrac{1}{\sqrt{2}}$，导数不存在的点有 $x = 0, x = \pm 1$. 因为 $f(x)$ 是偶函数，所以仅需计算

$$f(0) = 1, \quad f\left(\frac{1}{\sqrt{2}}\right) = \sqrt[3]{4}, \quad f(1) = 1, \quad f(2) = \sqrt[3]{4} - \sqrt[3]{3}.$$

比较它们的大小可知，$f(x)$ 在 $[-2, 2]$ 上的最大值为 $\sqrt[3]{4}$，最小值为 $\sqrt[3]{4} - \sqrt[3]{3}$.

例 4 求函数 $f(x) = (x^2 - 2x)\mathrm{e}^x$ 的最值.

解 $f'(x) = (x^2 - 2)\mathrm{e}^x = 0$，得驻点 $x = \pm\sqrt{2}$. 因为

$$\lim_{x \to +\infty} f(x) = \lim_{x \to +\infty} (x^2 - 2x)\mathrm{e}^x = +\infty,$$

$$\lim_{x \to -\infty} f(x) = \lim_{x \to -\infty} (x^2 - 2x)\mathrm{e}^x \xlongequal{x = -t} \lim_{t \to +\infty} \frac{t^2 + 2t}{\mathrm{e}^t} = 0,$$

所以函数 $f(x)$ 无最大值，最小值为 $f(\sqrt{2}) = (2 - 2\sqrt{2})\mathrm{e}^{\sqrt{2}}$.

在研究函数的最大值、最小值时，常常遇到一些特殊情况. 例如：(1) 若 $f(x)$ 是 $[a,b]$ 上的单调函数，此时，其最大值、最小值必在区间端点处取得. (2) 设 $f \in C[a,b]$ 在 (a,b) 内可导，在 (a,b) 内有唯一驻点 x_0，若点 x_0 是极大(小)值点，则 $f(x_0)$ 是 $[a,b]$ 上的最大(小)值. (3) 在实际问题中，若已判定 $f(x)$ 必有最大(小)值，且点 x_0 是唯一的驻点，则 $f(x_0)$ 便是最大(小)值.

例 5 将边长为 a 的正方形铁皮于四角处剪去相同的小正方形，然后折起各边，焊成一个无盖的盒，问剪去的小正方形边长为多少时，盒的容积最大？

解 见图 2.6. 设剪掉的小正方形边长为 x，则盒的底面边长为 $a - 2x$，于是盒的容积为

$$V = (a - 2x)^2 x, \quad 0 < x < \frac{a}{2},$$

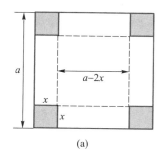
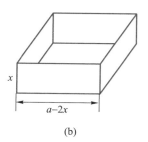

(a)   (b)

图 2.6

问题变为求 $V(x)$ 在 $\left(0, \dfrac{a}{2}\right)$ 内的最大值. 由于

$$V' = (a - 2x)^2 - 4x(a - 2x) = (a - 2x)(a - 6x),$$

所以在 $\left(0, \dfrac{a}{2}\right)$ 内只有唯一驻点 $x = \dfrac{a}{6}$. 因为

$$V'' \mid_{\frac{a}{6}} = (-8a+24x) \mid_{\frac{a}{6}} = -4a < 0,$$

故 $x = \dfrac{a}{6}$ 时,容积 V 最大,$V\left(\dfrac{a}{6}\right) = \dfrac{2a^3}{27}$.

求函数最大值和最小值的方法还可以用来证明不等式.

例 6　试证:当 $x>0$ 时,

$$x > \ln(1+x).$$

证明　考察函数 $f(x) = x - \ln(1+x)$. 当 $x>0$ 时,有

$$f'(x) = 1 - \frac{1}{1+x} = \frac{x}{1+x} > 0,$$

且 $f(x)$ 在点 $x=0$ 处连续,故函数 $f(x)$ 在 $x \geq 0$ 时是单增的. 又 $f(0)=0$,所以当 $x>0$ 时,$f(x)>0$,即 $x - \ln(1+x)>0$. 从而当 $x>0$ 时,有

$$x > \ln(1+x). \qquad \square$$

例 7　证明不等式

$$4x\ln x \geq x^2 + 2x - 3, \quad x \in (0,2).$$

证明　设 $f(x) = 4x\ln x - x^2 - 2x + 3$,则

$$f'(x) = 4\ln x - 2x + 2,$$

$$f''(x) = \frac{4}{x} - 2 > 0, \quad x \in (0,2).$$

因此,$f'(x)$ 在区间 $(0,2)$ 上是单增的,从而知 $f(x)$ 有唯一驻点 $x_0 = 1$. 由定理 2.9 知,$f(1)=0$ 为极小值,从而是最小值. 故当 $x \in (0,2)$ 时,$f(x) \geq 0$,即有

$$4x\ln x \geq x^2 + 2x - 3, \quad x \in (0,2). \qquad \square$$

2.3.3　问题的深入:凹凸性及拐点

虽然函数的单调性和极值可以大致刻画函数变化的增减趋势,但是无法精细刻画函数增减的形态. 例如,对于单调递增函数,有如图 2.7 所示的三种类型,仅仅依靠单调性无法区分这三种增函数的类型. 由此,我们引出了函数凹凸性的定义.

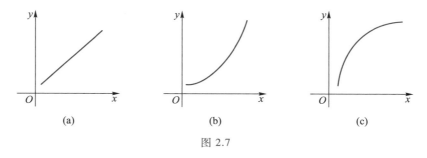

图 2.7

定义 2.11　设 $f(x)$ 在区间 I 上连续(图 2.8),若 $\forall x_1, x_2 \in I$,恒有

$$f\left(\frac{x_1+x_2}{2}\right) < \frac{1}{2}\left[f(x_1)+f(x_2)\right],$$

则称曲线 $f(x)$ 是下凸的(凹的);若恒有

$$f\left(\frac{x_1+x_2}{2}\right) > \frac{1}{2}\left[f(x_1)+f(x_2)\right],$$

则称曲线 $f(x)$ 是上凸的(凸的).

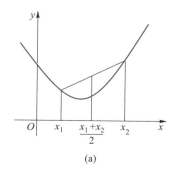 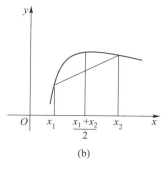

(a)   (b)

图 2.8

例如,$y=x^2$,$y=\mathrm{e}^x$ 是下凸函数曲线,$y=\sqrt{x}$,$y=\ln x$ 是上凸函数曲线.

定理 2.10 设 $f(x)$ 在区间 I 上有二阶导数,若 $f''(x) \geqslant 0(\leqslant 0)$,则曲线 $f(x)$ 在区间 I 上是下凸的(上凸的).

在连续曲线 $y=f(x)$ 上,不同凸向曲线段的分界点叫做拐点.若 $f(x)$ 具有二阶导数,则点 $(x_0, f(x_0))$ 是拐点的必要条件为 $f''(x_0)=0$. 当然,拐点也可能是二阶导数不存在的点.

例 8 求曲线 $y=(x-2)^{\frac{5}{3}}-\frac{5}{9}x^2$ 的拐点及凹凸区间.

解 求导,

$$y' = \frac{5}{3}(x-2)^{\frac{2}{3}}-\frac{10}{9}x,$$

$$y'' = \frac{10}{9}(x-2)^{-\frac{1}{3}}-\frac{10}{9} = \frac{10}{9}\cdot\frac{1-(x-2)^{\frac{1}{3}}}{(x-2)^{\frac{1}{3}}},$$

则 y'' 的零点是 $x_1=3$,y'' 不存在的点是 $x_2=2$. 具体如下:

x	$(-\infty,2)$	2	$(2,3)$	3	$(3,+\infty)$
y''	$-$	不存在	$+$	0	$-$
y	上凸	拐点 $\left(2,-\frac{20}{9}\right)$	下凸	拐点 $(3,-4)$	上凸

2.3.4 问题的再深入:曲线的渐近线

研究了函数的极值和凹凸性之后,对于递增的凸函数,依然有两种无法区分的类型如图 2.9

所示. 其中图 2.9(a)中当 $x\to+\infty$ 时, $f(x)$ 趋于某固定值, 而图 2.9(b)中当 $x\to+\infty$ 时, $f(x)$ 趋于 $+\infty$. 这两种情形仅靠凹凸性和单调性无法区分, 可以通过渐近线来加以区分.

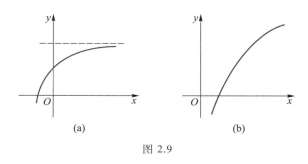

图 2.9

高中阶段我们已经学过一些简单函数的渐近线, 例如, 曲线 $y=3^x$ 的渐近线为 $y=0$, 曲线 $y=\ln(x+1)$ 的渐近线是 $x=-1$, 双曲线 $y^2-x^2=1$ 的渐近线为 $y=x$ 及 $y=-x$ 等. 现在学过极限概念之后, 我们可以计算更多曲线的渐近线. 下面给出渐近线的定义.

定义 2.12　当动点 $M(x,f(x))$ 沿着曲线 $y=f(x)$ 无限远离坐标原点时, 若它与某一直线 l 的距离趋于零, 则称直线 l 为曲线 $y=f(x)$ 的一条**渐近线**.

由渐近线的定义, 可以直接得到如下两个结论:

（1）若当 $x\to+\infty$ 或 $x\to-\infty$ 时, $f(x)\to C$, 则直线 $y=C$ 是曲线 $y=f(x)$ 的**水平渐近线**;

（2）若当 $x\to x_0^+$ 或 $x\to x_0^-$ 时, $f(x)\to\infty$, 则直线 $x=x_0$ 是曲线 $y=f(x)$ 的**铅直渐近线**.

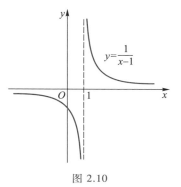

图 2.10

例如, 曲线 $y=\ln x$ 有铅直渐近线 $x=0$. 曲线 $y=\dfrac{1}{x-1}$ 有水平渐近线 $y=0$ 及铅直渐近线 $x=1$（图 2.10）.

例 9　求曲线 $y=\dfrac{2e^{2x}}{(1+e^x)^2}$ 的水平渐近线.

解　因为
$$\lim_{x\to+\infty}\frac{2e^{2x}}{(1+e^x)^2}=\lim_{x\to+\infty}\frac{2}{(e^{-x}+1)^2}=\frac{2}{(0+1)^2}=2,$$
$$\lim_{x\to-\infty}\frac{2e^{2x}}{(1+e^x)^2}=\lim_{x\to-\infty}\frac{2}{(e^{-x}+1)^2}=0,$$
所以曲线有水平渐近线 $y=2$ 及 $y=0$.

除水平渐近线和铅直渐近线之外, 还有一种**斜渐近线**, 下面给出其定义.

定义 2.13　若存在实数 a,b 满足
$$\lim_{x\to+\infty}[f(x)-(ax+b)]=0 \quad (\text{或} \lim_{x\to-\infty}[f(x)-(ax+b)]=0),$$
则曲线 $y=f(x)$ 有斜渐近线 $y=ax+b$.

由极限的性质及定义, 可以得出

$$a = \lim_{x \to +\infty} \frac{f(x)}{x} \quad (\text{或 } a = \lim_{x \to -\infty} \frac{f(x)}{x}),$$

$$b = \lim_{x \to +\infty} [f(x) - ax] \quad (\text{或 } b = \lim_{x \to -\infty} [f(x) - ax]).$$

例 10 求曲线 $y = \sqrt{1 + x^2}$ 的斜渐近线.

解 由于函数是偶函数,

$$\lim_{x \to +\infty} \frac{\sqrt{x^2 + 1}}{x} = 1,$$

$$\lim_{x \to +\infty} (\sqrt{x^2+1} - x) = \lim_{x \to +\infty} \frac{(x^2+1) - x^2}{\sqrt{x^2+1} + x} = 0,$$

$$\lim_{x \to -\infty} \frac{\sqrt{x^2+1}}{x} = -1,$$

$$\lim_{x \to -\infty} (\sqrt{x^2+1} + x) = \lim_{x \to -\infty} \frac{(x^2+1) - x^2}{\sqrt{x^2+1} - x} = 0,$$

故曲线的斜渐近线为 $y = x$ 及 $y = -x$.

2.3.5 问题的解决:函数的分析作图法

可见,为了较准确地描绘函数的图形,只使用描点法是不够的,还应该分析函数的性态. 作函数 $y = f(x)$ 的图形,一般应遵循如下步骤:

(1)确定函数的定义域、值域、间断点以及函数的奇偶性、周期性;

(2)求出 $f'(x) = 0$ 和 $f''(x) = 0$ 在定义域内的全部实根以及使 $f'(x)$ 和 $f''(x)$ 不存在的所有点,用这些根和导数不存在的点把函数定义域分成若干个小区间,确定这些小区间内 $f'(x)$ 和 $f''(x)$ 的符号,并由此确定函数的单调区间、凹凸区间、极值和拐点;

(3)求渐近线以及其他变化趋势;

(4)求出一些特殊点,例如与坐标轴的交点等,结合前面的结果,用平滑的曲线连接这些点,作出 $y = f(x)$ 的图形.

例 11 作函数 $y = \dfrac{x^2(x-1)}{(x+1)^2}$ 的图形.

解 (1)定义域为 $x \neq -1$,无奇偶性.

(2)求导,

$$y' = \frac{x(x^2+3x-2)}{(x+1)^3}, \quad y'' = \frac{2(5x-1)}{(x+1)^4}.$$

令 $y' = 0$,解得驻点

$$x_1 = 0, \quad x_2 = \frac{-3-\sqrt{17}}{2} \approx -3.56, \quad x_3 = \frac{-3+\sqrt{17}}{2} \approx 0.56.$$

令 $y'' = 0$,解得 $x_4 = \dfrac{1}{5}$,即点 $\left(\dfrac{1}{5}, -\dfrac{1}{45}\right)$ 可能是拐点. 具体如下:

x	$(-\infty, x_2)$	x_2	$(x_2, -1)$	-1	$(-1, 0)$	0
y'	+	0	−		+	0
y''	−	−	−		−	−
曲线 y	单增,上凸	极大值 A	单减,上凸	间断点	单增,上凸	极大值 0

x	$\left(0, \dfrac{1}{5}\right)$	$\dfrac{1}{5}$	$\left(\dfrac{1}{5}, x_3\right)$	x_3	$(x_3, +\infty)$	
y'	−	−	−	0	+	
y''	−	0	+	+	+	
曲线 y	单减,上凸	拐点 $\left(\dfrac{1}{5}, -\dfrac{1}{45}\right)$	单减,下凸	极小值 B	单增,下凸	

表中 $A = \dfrac{-71 - 17\sqrt{17}}{16} \approx -8.82, B = \dfrac{17\sqrt{17} - 71}{16} \approx -0.057.$

（3）因为 $\lim\limits_{x \to -1} \dfrac{x^2(x-1)}{(x+1)^2} = \infty$，所以 $x = -1$ 为曲线的铅直渐近线. 又因为

$$\lim_{x \to \infty} \frac{f(x)}{x} = \lim_{x \to \infty} \frac{x(x-1)}{(x+1)^2} = 1,$$

$$\lim_{x \to \infty} [f(x) - x] = \lim_{x \to \infty} \frac{-x(3x+1)}{(x+1)^2} = -3,$$

所以 $y = x - 3$ 为曲线的斜渐近线.

（4）再列出几个特殊函数值.

x	-2	0	1	2	3
y	-12	0	0	$\dfrac{4}{9}$	$\dfrac{9}{8}$

结合上面的分析便可作出函数的图形,如图 2.11 所示. 如果我们只用描点法,在区间 $(0, 1)$ 上图形的微妙变化很可能被忽略掉,曲线如何伸向无穷远处也不清楚.

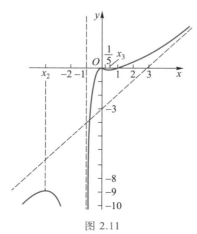

图 2.11

习题 2.3

1. 求下列函数的极值:

(1) $f(x) = 2x^3 - 6x^2 - 18x + 7$;

(2) $f(x) = (x-5)^2 \sqrt[3]{(x+1)^2}$;

(3) $f(x) = \dfrac{x}{\ln x}$.

2. 求函数 $f(x) = \begin{cases} x, & x \leqslant 0 \\ x\ln x, & x > 0 \end{cases}$ 的极值.

3. 求下列函数在指定区间上的最大值和最小值:

(1) $y = x + 2\sqrt{x}$, $[0, 4]$;

(2) $y = x^x$, $[0.1, 1]$.

4. 证明下列不等式:

(1) $\ln(1+x) \geqslant \dfrac{\arctan x}{1+x}$ $(x \geqslant 0)$;

(2) $e^x \leqslant \dfrac{1}{1-x}$ $(x < 1)$.

5. 已知函数 $y = f(x)$ 的导数的图形是开口向上的抛物线(二次曲线),且与 x 轴交于点 $x = 0$ 和 $x = 2$. 又 $f(x)$ 的极大值为 4,极小值为 0,求 $f(x)$.

6. 求下列曲线的凹凸区间及拐点:

(1) $y = 1 + x^2 - \dfrac{1}{2}x^4$;

(2) $y = \ln(1 + x^2)$;

(3) $y = \begin{cases} \ln x - x, & x \geqslant 1 \\ x^2 - 2x, & x < 1 \end{cases}$;

(4) $y = x \,|\, x \,|$.

7. 求曲线 $\begin{cases} x = t^2 \\ y = 3t + t^3 \end{cases}$ 的拐点.

8. 问 a 及 b 为何值时,点 $(1, 3)$ 为曲线 $y = ax^3 + bx^2$ 的拐点.

9. 求下列曲线的渐近线:

(1) $y = \dfrac{a}{(x-b)^2} + c$ $(a \neq 0)$;

(2) $y = \dfrac{e^x}{1+x}$;

(3) $y = \dfrac{5x}{x-3}$;

(4) $y = \dfrac{x^2}{x+1}$.

10. 用分析作图法作下列函数的图形:

(1) $y = \sqrt[3]{x^2} + 2$;

(2) $y = e^{-1/x}$;

(3) $y = \dfrac{(1+x)^3}{(x-1)^2}$.

第 3 章

一元积分学

一元积分学也是微积分的核心内容之一. 本章首先介绍与微分对立统一的概念——积分,然后给出二者的关系,即微积分基本定理. 这也是牛顿和莱布尼茨的重要贡献,他们最先意识到微分学和积分学两个看似毫不相关的领域,实则有内在本质的关联,揭示了这个联系,即打开了微积分广泛应用的大门.

3.1 平面图形面积计算问题

3.1.1 问题的引入:平面图形面积计算问题

求图形的面积是一个古老的问题,数千年前人们在丈量土地时就有了计算面积的需求. 古埃及时期,尼罗河每年泛滥一次,洪水带来了肥沃的淤泥,也抹去了土地之间的界限,人们需要不断地重新丈量土地. 如图 3.1(a)所示,三角形、矩形和梯形等由直线段围成的图形,其面积比较容易计算. 日常生活中我们见到的更多图形都是曲边的,圆的面积公式虽然中学阶段已经介绍,但其严格推导却始终没有给出;更为常见的一般曲边图形的面积计算,中学阶段也未曾涉及. 即使像图 3.1(b)所示的简单的曲边图形,仅利用初等数学知识也无法计算其面积.

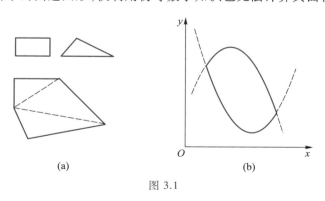

图 3.1

在我国古代数学著作《九章算术》第一章"方田"中,讲到了怎么计算土地面积,介绍了规则几何形状的面积计算. 但是求由曲边围住的区域,如圆形区域的面积,却并非易事. 古希腊大数学家阿基米德(Archimedes)从圆内接正多边形和外切正多边形同时入手,不断增加它们的边数,从里外两个方面去计算圆周率、逼近圆面积. 中国古代数学家刘徽在求相同问题时总结到:"割之弥细,所失弥少,割之又割,以至于不可割,则与圆周合体而无所失矣."其中也充分体现了细分、近似的思想.

那么,对于更加复杂的曲边区域,又该如何定义和计算其面积呢? 其实,对于更一般的问题,我们也是采用化整为零、以直代曲、无限细分逼近的思想来计算的. 下面介绍基于以上思想抽象出的定积分的概念.

3.1.2   问题的分析:定积分的概念

为了方便讨论,我们先讨论曲边梯形(三边是线段、一边是曲线)的面积. 图 3.2 中的曲边梯形由连续曲线 $y=f(x)>0$ 及直线 $x=a$,$x=b$ 和 $y=0$ 围成. 我们采取下列步骤来定义并计算其面积 S.

(1)分割:在区间 $[a,b]$ 内任意插入 $n-1$ 个分点

$$a=x_1<x_2<\cdots<x_i<x_{i+1}<\cdots<x_n<x_{n+1}=b,$$

把区间 $[a,b]$ 分为 n 个小区间,记 $\Delta x_i=x_{i+1}-x_i$,并用 ΔS_i 表示 $[x_i,x_{i+1}]$ 上对应的窄曲边梯形的面积(图 3.2).

(2)近似:在每个区间 $[x_i,x_{i+1}]$ 内任取一点 ξ_i,用以 $f(\xi_i)$ 为高、Δx_i 为底的窄矩形面积近似代替 ΔS_i,有

$$\Delta S_i\approx f(\xi_i)\Delta x_i,\quad i=1,2,\cdots,n.$$

(3)求和:这些窄矩形面积之和可以作为曲边梯形面积 S 的近似值,即

$$S\approx\sum_{i=1}^{n}f(\xi_i)\Delta x_i.$$

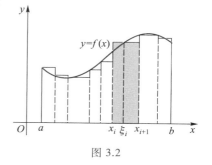

图 3.2

(4)取极限:为得到 S 的精确值,让分割无限细化,设 $\lambda=\max_{1\leq i\leq n}\{\Delta x_i\}$,当 $\lambda\to 0$(蕴涵 $n\to\infty$)时,若 $\sum_{i=1}^{n}f(\xi_i)\Delta x_i$ 的极限存在,则称此极限值就是所求曲边梯形的面积,即

$$S=\lim_{\lambda\to 0}\sum_{i=1}^{n}f(\xi_i)\Delta x_i.$$

可以证明,此极限值若存在,则与 x_i 和 ξ_i 的取法无关.

古代数学家已经完成了分割、近似和求和的过程,并且意识到随着分割的细化,窄矩形的面积之和会逐渐逼近曲边梯形面积的精确值. 有了极限思想,才能迈出最后一步,通过取极限由近似值得到精确值.

定义 3.1   极限值 $S=\lim\limits_{\lambda\to 0}\sum\limits_{i=1}^{n}f(\xi_i)\Delta x_i$ 为函数 $f(x)$ 在区间 $[a,b]$ 上由 a 到 b 的**定积分**,用记号 $\displaystyle\int_a^b f(x)\,\mathrm{d}x$ 表示,即

$$\int_a^b f(x)\,\mathrm{d}x=\lim_{\lambda\to 0}\sum_{i=1}^{n}f(\xi_i)\Delta x_i.$$

离散的加法用记号 $\sum$,积分可视为加法的连续形式,即连续的加法用记号 $\int$. 微积分的创造,实现了加法从离散到连续的飞跃.

为方便判定函数的可积性,下面给出一些可积的充分条件.

定理 3.1　若函数 $f(x)$ 在 $[a,b]$ 上连续,则 $f(x)$ 在 $[a,b]$ 上可积.

定理 3.2　若函数 $f(x)$ 在 $[a,b]$ 上除有限个第一类间断点外处处连续,则 $f(x)$ 在 $[a,b]$ 上可积.

定理 3.3　若函数 $f(x)$ 在 $[a,b]$ 上单调,则 $f(x)$ 在 $[a,b]$ 上可积.

由定积分的定义可知,若在变力 $F(x)$ 作用下,物体沿与 $F(x)$ 相同的方向从 $x=a$ 移动到 $x=b$,则变力做的功 W 等于其在路程区间 $[a,b]$ 的定积分,即

$$W = \int_a^b F(x)\,\mathrm{d}x.$$

当定积分存在时,可得到一些常用的约定和性质.

(1) 有向性: $\displaystyle\int_b^a f(x)\,\mathrm{d}x = -\int_a^b f(x)\,\mathrm{d}x.$

(2) $\displaystyle\int_a^a f(x)\,\mathrm{d}x = 0.$

(3) 度量性: $\displaystyle\int_a^b 1\,\mathrm{d}x = b-a.$

(4) 线性性: $\displaystyle\int_a^b [kf(x)+lg(x)]\,\mathrm{d}x = k\int_a^b f(x)\,\mathrm{d}x + l\int_a^b g(x)\,\mathrm{d}x$ (k,l 为常数).

(5) 区间可加性: $\displaystyle\int_a^b f(x)\,\mathrm{d}x = \int_a^c f(x)\,\mathrm{d}x + \int_c^b f(x)\,\mathrm{d}x$,其中点 c 可在区间 $[a,b]$ 内,也可在区间 $[a,b]$ 外.

(6) 保序性:若在区间 $[a,b]$ 上 $f(x)\leqslant g(x)$,则

$$\int_a^b f(x)\,\mathrm{d}x \leqslant \int_a^b g(x)\,\mathrm{d}x.$$

(7) 若在区间 $[a,b]$ 上 $m\leqslant f(x)\leqslant M$,则

$$m(b-a) \leqslant \int_a^b f(x)\,\mathrm{d}x \leqslant M(b-a).$$

利用性质(3)—性质(6)可得到性质(7).

(8) $\displaystyle\left|\int_a^b f(x)\,\mathrm{d}x\right| \leqslant \int_a^b |f(x)|\,\mathrm{d}x$ $(a<b).$

利用不等式 $-|f(x)|\leqslant f(x)\leqslant|f(x)|$ 和性质(6)可得到性质(8).

(9) 定积分值与积分变量的记号无关,即

$$\int_a^b f(x)\,\mathrm{d}x = \int_a^b f(t)\,\mathrm{d}t.$$

定理 3.4(积分中值定理)　设 $f(x)\in C[a,b]$,则至少存在一点 $\xi\in(a,b)$,使得

$$\int_a^b f(x)\,\mathrm{d}x = f(\xi)(b-a).$$

例 1 估计积分值 $\int_0^{\frac{1}{2}} e^{-x^2} dx$.

解 显然函数 e^{-x^2} 在区间 $\left[0, \dfrac{1}{2}\right]$ 上单调递减,故

$$e^{-\frac{1}{4}} \leqslant e^{-x^2} \leqslant 1, \quad x \in \left[0, \frac{1}{2}\right].$$

由性质(7)有估计式

$$\frac{1}{2} e^{-\frac{1}{4}} \leqslant \int_0^{\frac{1}{2}} e^{-x^2} dx \leqslant \frac{1}{2}.$$

例 2 试证:

$$\lim_{n \to \infty} \int_n^{n+a} \frac{\sin x}{x} dx = 0.$$

证明 由积分中值定理有

$$\lim_{n \to \infty} \int_n^{n+a} \frac{\sin x}{x} dx = \lim_{n \to \infty} \frac{\sin \xi_n}{\xi_n} a = 0 \quad (n \leqslant \xi_n \leqslant n + a). \qquad \square$$

3.1.3 问题的深入:定积分的计算及微积分基本定理

从定积分的定义出发,按照分割、近似、求和、取极限的步骤计算积分值比较烦琐,牛顿–莱布尼茨公式为定积分的计算提供了方便的工具.

定理 3.5(微积分基本定理积分部分) 若 $f(x)$ 在区间 $[a, b]$ 上有连续的导函数,则

$$\int_a^b f'(x) dx = f(b) - f(a).$$

此公式称为**牛顿–莱布尼茨公式**.

牛顿–莱布尼茨公式说明积分一个函数的导数,可还原到这个函数自身. 如图 3.3 所示,该公式在几何上蕴涵着在区间端点上函数值的差等于导函数在此区间上的积累量.

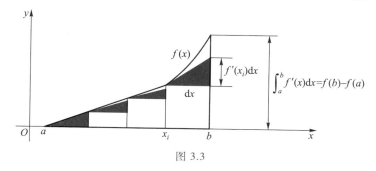

图 3.3

例 3 由定理 3.5,

$$\int_{-1}^1 \frac{1}{1+x^2} dx = \arctan x \Big|_{-1}^1 = \frac{\pi}{4} - \left(-\frac{\pi}{4}\right) = \frac{\pi}{2},$$

$$\int_0^\pi \sin x dx = -\cos x \Big|_0^\pi = 1 - (-1) = 2.$$

例 4 设 $f(x) = \begin{cases} 2x, & 0 \leqslant x \leqslant 1, \\ 5, & 1 < x \leqslant 2, \end{cases}$ 求 $\int_0^2 f(x)\,\mathrm{d}x$.

解 分段积分,

$$\int_0^2 f(x)\,\mathrm{d}x = \int_0^1 2x\,\mathrm{d}x + \int_1^2 5\,\mathrm{d}x = x^2 \Big|_0^1 + 5x \Big|_1^2 = 1 + 5 = 6.$$

定义 3.2 设 $f(x)$ 在区间 $[a,b]$ 上可积,则 $\forall x \in [a,b]$,$f(x)$ 在区间 $[a,x]$ 上也可积. 故定积分

$$\int_a^x f(t)\,\mathrm{d}t$$

是变动的上限 x 的函数,称为**变上限积分**,记为 $\Phi(x)$,即

$$\Phi(x) = \int_a^x f(t)\,\mathrm{d}t \quad (a \leqslant x \leqslant b).$$

当 $f(x) \geqslant 0 (\forall x \in [a,b])$ 时,$\Phi(x)$ 的几何意义为沿积分区间变动的曲边梯形的面积(图 3.4 中阴影部分的面积).

定理 3.6(微积分基本定理微分部分) 设 $f(x) \in C[a,b]$,则积分上限的函数

$$\Phi(x) = \int_a^x f(t)\,\mathrm{d}t$$

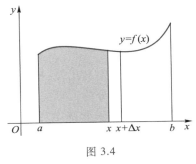

图 3.4

在 $[a,b]$ 上连续可微,且对积分上限 x 求导等于被积函数在积分上限处的值,即

$$\Phi'(x) = \frac{\mathrm{d}}{\mathrm{d}x}\int_a^x f(t)\,\mathrm{d}t = f(x) \quad (a \leqslant x \leqslant b).$$

例 5 由定理 3.6,

$$\left(\int_0^x \mathrm{e}^{2t}\,\mathrm{d}t\right)' = \mathrm{e}^{2x},$$

$$\left(\int_x^\pi \cos^2 t\,\mathrm{d}t\right)' = \left(-\int_\pi^x \cos^2 t\,\mathrm{d}t\right)' = -\cos^2 x,$$

$$\left(\int_x^{x^2} \ln t\,\mathrm{d}t\right)' = \left(\int_x^1 \ln t\,\mathrm{d}t + \int_1^{x^2} \ln t\,\mathrm{d}t\right)' = -\ln x + 2x\ln x^2 = (4x - 1)\ln x.$$

微积分基本定理微分部分先对函数作积分运算,再作微分运算;微积分基本定理积分部分先对函数作微分运算,再作积分运算,均得到原来的函数. 因此,微积分基本定理蕴涵微分运算和积分运算的互逆性.

3.1.4 问题的解决:平面图形面积的计算

设平面图形由曲线 $y=f(x)$,$y=g(x)$ 和直线 $x=a$,$x=b$ 围成(称为 x-型区域),其中 $f(x) \geqslant g(x)$,且在 $[a,b]$ 上均连续(图 3.5),求此平面图形的面积. 取 $[a,b]$ 上任一小区间 $[x,x+\mathrm{d}x]$,其对应的小曲边面积 ΔS 可近似为小矩形面积,即

$$\Delta S \approx [f(x) - g(x)]\mathrm{d}x = \mathrm{d}S,$$

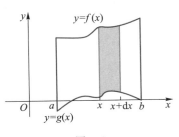

图 3.5

$\mathrm{d}S$ 即为面积微元. 于是所求平面图形的面积为

$$S = \int_a^b [f(x) - g(x)] \mathrm{d}x.$$

同样地,由连续曲线 $x=f(y)$, $x=g(y)$($f(y) \geq g(y)$)和直线 $y=c$, $y=d$ 围成的平面图形(称为 y-型区域)的面积(图3.6)为

$$S = \int_c^d [f(y) - g(y)] \mathrm{d}y.$$

一般情况下,由曲线围成的平面图形,总可以分成若干块 x-型区域和 y-型区域(图3.7),只要分别算出每块区域的面积再相加即可.

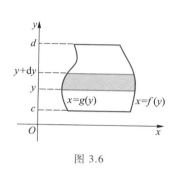

图3.6

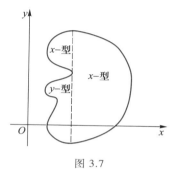

图3.7

例6 求由抛物线 $y=x^2$ 和 $y^2=x$ 所围成的平面图形(图3.8)的面积.
解 解联立方程组

$$\begin{cases} y=x^2, \\ x=y^2, \end{cases}$$

求得交点 $(0,0)$ 和 $(1,1)$,由公式知此图形的面积

$$S = \int_0^1 (\sqrt{x} - x^2) \mathrm{d}x = \left(\frac{2}{3} x^{\frac{3}{2}} - \frac{1}{3} x^3 \right) \Big|_0^1 = \frac{2}{3} - \frac{1}{3} = \frac{1}{3}.$$

此题也可以看成 y-型区域,利用公式同样可求得相同结论.
例7 求由抛物线 $y^2=2x$ 与直线 $y=x-4$ 所围成的平面图形的面积(图3.9).

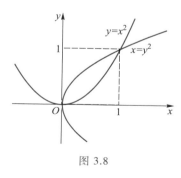

图3.8

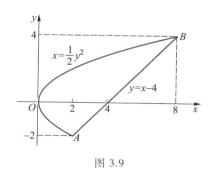

图3.9

解 此题宜取 y 为积分变量,解联立方程组

$$\begin{cases} y^2=2x, \\ y=x-4, \end{cases}$$

得交点 $A(2,-2),B(8,4)$. 积分区间为 $[-2,4]$,则运用 y-型区域的计算公式,得

$$S = \int_{-2}^{4} \left(y + 4 - \frac{1}{2}y^2 \right) \mathrm{d}y = \left(\frac{y^2}{2} + 4y - \frac{y^3}{6} \right) \Big|_{-2}^{4} = 18.$$

此题若以 x 为积分变量,则因为区域下边界曲线在不同区间上函数解析式不同,需分两块计算.

3.1.5   问题的拓展:弧长及旋转体体积的计算

生活中许多量的计算实际上是求某一函数 $f(x)$ 在区间 $[a,b]$ 上的定积分 $I = \int_{a}^{b} f(x) \mathrm{d}x$,针对这类问题,微元法可以用来建立计算该量的定积分表达式.

设 $[x,x+\mathrm{d}x]$ 为 $[a,b]$ 中任意小的一个区间,若所求量的微元可以表示为

$$\mathrm{d}I = f(x)\mathrm{d}x,$$

则所求量可表示为

$$I = \int_{a}^{b} f(x) \mathrm{d}x.$$

下面,我们将用这样的思路来计算曲线的弧长及旋转体的体积.

设曲线 $y = f(x), a \leqslant x \leqslant b$ 的起点为 A、终点为 B,可推得 $\overset{\frown}{AB}$ 长度的计算公式为

$$s = \int_{a}^{b} \sqrt{1 + {y'}^2} \, \mathrm{d}x.$$

连续曲线 $y = f(x)$ 与直线 $x = a, x = b$ 以及 x 轴所围成的曲边梯形绕 x 轴旋转一周形成一个旋转体,可得旋转体体积的计算公式为

$$V = \pi \int_{a}^{b} f^2(x) \mathrm{d}x.$$

以上公式的详细推导过程可参考其他微积分书籍.

例 8   求圆 $x^2 + y^2 = R^2 (R>0)$ 所围区域绕 x 轴旋转一周得到的球体的体积.

解   由旋转体体积的计算公式,

$$V = \pi \int_{-R}^{R} (R^2 - x^2) \mathrm{d}x = 2\pi R^3 - \frac{2}{3}\pi R^3 = \frac{4}{3}\pi R^3.$$

习题 3.1

1. 写出下列各积分的定义式:

(1) $\int_{a}^{b} 2\mathrm{d}x$;

(2) $\int_{0}^{1} \frac{\mathrm{d}x}{1 + x^2}$;

(3) $\int_{0}^{\pi} \sin x \mathrm{d}x$.

2. 比较下列各组积分的大小:

(1) $\int_{0}^{1} x^2 \mathrm{d}x$ 与 $\int_{0}^{1} x^3 \mathrm{d}x$;

(2) $\int_{1}^{2} x^2 \mathrm{d}x$ 与 $\int_{1}^{2} x^3 \mathrm{d}x$;

(3) $\int_{1}^{2} \ln x \mathrm{d}x$ 与 $\int_{1}^{2} x \mathrm{d}x$;

(4) $\int_{0}^{\pi} \sin x \mathrm{d}x$ 与 $\int_{0}^{2\pi} \sin x \mathrm{d}x$.

3. 求下列函数的导数:

(1) $\int_1^x \dfrac{\sin t}{t}\,\mathrm{d}t\,(x>0)$;

(2) $\int_x^0 \sqrt{1+t^4}\,\mathrm{d}t$;

(3) $\int_0^{x^2} \dfrac{t\sin t}{1+\cos^2 t}\,\mathrm{d}t$;

(4) $\int_x^{x^2} \mathrm{e}^{-t^2}\,\mathrm{d}t$;

(5) $\sin\left(\int_0^x \dfrac{\mathrm{d}t}{1+\sin^2 t}\right)$;

(6) $\int_0^x xf(t)\,\mathrm{d}t$.

4. 用牛顿-莱布尼茨公式计算下列定积分:

(1) $\int_0^3 2x\,\mathrm{d}x$;

(2) $\int_0^1 \dfrac{\mathrm{d}x}{1+x^2}$;

(3) $\int_0^{\frac{\pi}{2}} \cos x\,\mathrm{d}x$;

(4) $\int_1^0 \mathrm{e}^x\,\mathrm{d}x$;

(5) $\int_{\frac{\pi}{4}}^{\frac{\pi}{2}} \dfrac{1}{\sin^2 x}\,\mathrm{d}x$;

(6) $\int_{-\frac{1}{2}}^{\frac{1}{2}} \dfrac{\mathrm{d}x}{\sqrt{1-x^2}}$;

5. 设 $f(x)=\begin{cases} x^2, & 0\leqslant x<1, \\ 1+x, & 1\leqslant x\leqslant 2, \end{cases}$ 求 $\int_{\frac{1}{2}}^{\frac{3}{2}} f(x)\,\mathrm{d}x$.

6. 已知 $f(x)\in C[-1,1]$,$f(x)=3x-\sqrt{1-x^2}\int_0^1 f^2(x)\,\mathrm{d}x$,求 $f(x)$.

3.2 第二宇宙速度问题

3.2.1 问题的引入:第二宇宙速度

中国"天问一号"火星探测器于 2020 年 7 月 23 日在海南文昌航天发射场由长征五号运载火箭发射升空,用于探测火星环境.地球距离火星最近约为 5.5×10^7 km,最远则超过 4×10^8 km.此次发射火星探测器,是长征五号火箭第一次达到并超过第二宇宙速度,飞出了我国运载火箭的最快速度.

第二宇宙速度大小约为 11.2 km/s,当航天器达到该速度时,可以完全摆脱地球引力,去往太阳系内的其他行星,故也称之为"逃逸速度".按照力学理论和微积分,可以计算出它的大小.

3.2.2 问题的分析及解决:反常积分

例 1 设地球半径为 R,质量为 M,火箭质量为 m.

(1)计算火箭从地面到离地心为 h 的高度时,克服地球引力所做的功;

(2)要使火箭脱离地球引力,其初速度应当多大(即求第二宇宙速度)?

解 如图 3.10 所示,建立坐标系.由万有引力定律,当火箭与地心相距 x 时,地球对火箭的引力为

$$F(x)=-G\frac{Mm}{x^2},$$

式中负号表示地球对火箭的引力指向地心,G 为万有引力常数.

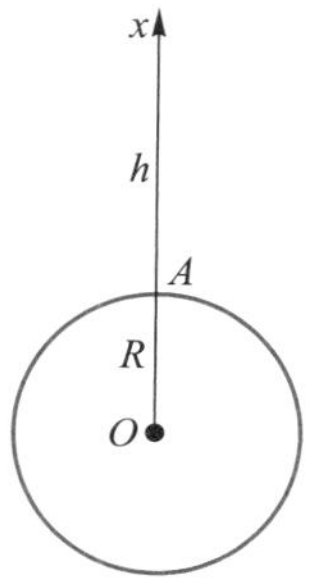

图 3.10

(1) 由上述公式，火箭从地面点 A 发射到与地心相距 h 时，克服地球引力所做的功为

$$W(h) = \int_R^h G \frac{Mm}{x^2} dx = GMm\left(-\frac{1}{x}\right)\bigg|_R^h = GMm\left(\frac{1}{R} - \frac{1}{h}\right).$$

（2）要使火箭脱离地球引力，相当于 $h \to +\infty$，这时克服引力所做的功为

$$W = \frac{GMm}{R}.$$

设火箭初速度为 v，则其动能为 $\frac{1}{2}mv^2$，由能量守恒定律知

$$\frac{1}{2}mv^2 = W = \frac{GMm}{R},$$

解得

$$v = \sqrt{\frac{2GM}{R}} \approx 11.2 \text{ km/s}.$$

这就是在中学物理中已学过的第二宇宙速度（逃逸速度）.

在中学物理中我们知道，利用做圆周运动所需向心力 $f = m\frac{v^2}{R}$ 等于万有引力 $F = G\frac{mM}{R^2}$，可以得到第一宇宙速度（环绕速度）

$$v_1 = \sqrt{\frac{GM}{R}}.$$

由此可见，逃逸速度 v_2 和环绕速度 v_1 之间的关系是

$$v_2 = \sqrt{2}\,v_1.$$

2007 年 10 月 24 日我国成功发射了嫦娥一号卫星，历经 326 h 飞行约 1.8×10^6 km 于 11 月 7 日进入月球工作轨道，其间顺利实施了 4 次加速、1 次中途轨道修正、3 次近月制动共 8 次变轨. 报道说，当嫦娥一号在地月转移轨道上第一次制动时，运行速度大约是 2.4 km/s，这是为什么呢？有了上面的讨论，我们就可以明白其中的道理了. 因为利用前面的公式可以算出，对于月球而言，

$$\text{环绕速度 } v_1' \approx 1.68 \text{ km/s}, \quad \text{逃逸速度 } v_2' = \sqrt{2}\,v_1' \approx 2.38 \text{ km/s}.$$

因此，只有当速度介于 1.68 km/s 和 2.38 km/s 之间时，才能成为月球的卫星.

上例中无穷区间上的积分也是实际应用中常遇到的问题，因此须将定积分的概念由有限区间拓展至无穷区间.

定义 3.3 设对任意大于 a 的实数 b，$f(x)$ 在 $[a,b]$ 上均可积，则称极限

$$\lim_{b \to +\infty} \int_a^b f(x) dx$$

为 $f(x)$ 在无穷区间 $[a, +\infty)$ 上的**反常积分**，记为 $\int_a^{+\infty} f(x) dx$，即

54

$$\int_a^{+\infty} f(x)\,dx = \lim_{b \to +\infty} \int_a^b f(x)\,dx.$$

若该极限存在,则称反常积分 $\int_a^{+\infty} f(x)\,dx$ **收敛**或**存在**,反之则称反常积分**发散**.

类似地,可定义无穷区间 $(-\infty, b)$ 和 $(-\infty, +\infty)$ 上的反常积分分别为

$$\int_{-\infty}^b f(x)\,dx = \lim_{a \to -\infty} \int_a^b f(x)\,dx,$$

$$\int_{-\infty}^{+\infty} f(x)\,dx = \int_{-\infty}^c f(x)\,dx + \int_c^{+\infty} f(x)\,dx,$$

其中 c 为任意实常数. 反常积分 $\int_{-\infty}^{+\infty} f(x)\,dx$ 收敛的充要条件是 $\int_{-\infty}^c f(x)\,dx$ 和 $\int_c^{+\infty} f(x)\,dx$ 均收敛.

设 $F'(x) = f(x)$,计算反常积分时,为书写方便,记

$$F(+\infty) = \lim_{x \to +\infty} F(x), \quad F(-\infty) = \lim_{x \to -\infty} F(x),$$

$$\int_a^{+\infty} f(x)\,dx = F(x)\Big|_a^{+\infty} = F(+\infty) - F(a),$$

$$\int_{-\infty}^b f(x)\,dx = F(x)\Big|_{-\infty}^b = F(b) - F(-\infty),$$

$$\int_{-\infty}^{+\infty} f(x)\,dx = F(x)\Big|_{-\infty}^{+\infty} = F(+\infty) - F(-\infty).$$

此时反常积分的收敛与发散取决于 $F(+\infty)$ 和 $F(-\infty)$ 是否存在.

例 2 由反常积分的定义,

$$\int_0^{+\infty} \frac{dx}{1+x^2} = \arctan x \Big|_0^{+\infty} = \frac{\pi}{2} - 0 = \frac{\pi}{2},$$

$$\int_{-\infty}^0 \frac{dx}{1+x^2} = \arctan x \Big|_{-\infty}^0 = 0 - \left(-\frac{\pi}{2}\right) = \frac{\pi}{2},$$

$$\int_{-\infty}^{+\infty} \frac{dx}{1+x^2} = \arctan x \Big|_{-\infty}^{+\infty} = \frac{\pi}{2} - \left(-\frac{\pi}{2}\right) = \pi.$$

这三个反常积分均收敛. 如果注意到第一个反常积分收敛和它的积分值,以及被积函数为偶函数,立刻就会得到后两个反常积分值.

例 3 试证:反常积分

$$\int_1^{+\infty} \frac{1}{x^p}\,dx$$

当 $p > 1$ 时收敛;当 $p \leqslant 1$ 时发散.

证明 当 $p = 1$ 时,

$$\int_1^{+\infty} \frac{1}{x^p}\,dx = \int_1^{+\infty} \frac{1}{x}\,dx = \ln x \Big|_1^{+\infty} = +\infty.$$

当 $p \neq 1$ 时,

$$\int_1^{+\infty} \frac{1}{x^p}\mathrm{d}x = \frac{x^{1-p}}{1-p}\bigg|_1^{+\infty} = \begin{cases} +\infty, & p < 1, \\ \dfrac{1}{p-1}, & p > 1. \end{cases}$$

故 $\int_1^{+\infty} \frac{1}{x^p}\mathrm{d}x = \frac{1}{p-1}$ 当 $p>1$ 时收敛,当 $p\le 1$ 时发散. □

除了无穷区间上的反常积分外,无界函数的反常积分也比较常见.

定义 3.4 若 $\forall \varepsilon>0, f(x)$ 在 $[a+\varepsilon,b]$ 上可积,在点 a 右邻域内 $f(x)$ 无界(称 a 为瑕点),则称极限

$$\lim_{\varepsilon\to 0}\int_{a+\varepsilon}^b f(x)\,\mathrm{d}x$$

为无界函数 $f(x)$ 在 $(a,b]$ 上的**反常积分**(或**瑕积分**),记为 $\int_a^b f(x)\,\mathrm{d}x$. 即

$$\int_a^b f(x)\,\mathrm{d}x = \lim_{\varepsilon\to 0}\int_{a+\varepsilon}^b f(x)\,\mathrm{d}x.$$

若此极限存在,则称反常积分 $\int_a^b f(x)\,\mathrm{d}x$ **收敛**,反之则称反常积分**发散**.

例 4 $\int_0^a \frac{\mathrm{d}x}{\sqrt{a^2-x^2}} = \arcsin\frac{x}{a}\bigg|_0^{a^-} = \frac{\pi}{2}$.

例 5 试证:反常积分 $\int_0^1 \frac{1}{x^q}\mathrm{d}x$ 当 $q<1$ 时收敛,$q\ge 1$ 时发散.

证明 当 $q=1$ 时,

$$\int_0^1 \frac{1}{x^q}\mathrm{d}x = \int_0^1 \frac{1}{x}\mathrm{d}x = \ln x\bigg|_{0^+}^1 = +\infty.$$

当 $q\ne 1$ 时,

$$\int_0^1 \frac{1}{x^q}\mathrm{d}x = \frac{1}{1-q}x^{1-q}\bigg|_{0^+}^1 = \begin{cases} \dfrac{1}{1-q}, & q < 1, \\ +\infty, & q > 1. \end{cases}$$

故 $\int_0^1 \frac{1}{x^q}\mathrm{d}x$ 当 $q<1$ 时收敛,当 $q\ge 1$ 时发散. □

3.2.3 问题的拓展:反常积分的应用

体积有限且表面积无限的几何体存在吗?最初人们以为这种几何体不存在,然而意大利物理学家、数学家托里拆利(Torricelli)构造的托里拆利小号证明了其存在性.

将双曲线 $y=\frac{1}{x}$ 中 $x\ge 1$ 的部分绕 x 轴旋转一周,得到了小号状图形(图 3.11 展示了一部分),它称为托里拆利小号,又称为加百利(Gabriel)号角,其体积和表面积分别为

$$V = \int_1^{+\infty} \pi y^2\,\mathrm{d}x = \pi\int_1^{+\infty}\frac{1}{x^2}\mathrm{d}x = \pi\left(-\frac{1}{x}\right)\bigg|_1^{+\infty} = \pi,$$

$$S = \int_1^{+\infty} 2\pi y \mathrm{d}s = \int_1^{+\infty} 2\pi y \sqrt{1 + {y'}^2}\,\mathrm{d}x$$

$$> 2\pi \int_1^{+\infty} y \mathrm{d}x = 2\pi \int_1^{+\infty} \frac{1}{x}\mathrm{d}x = +\infty,$$

所以托里拆利小号的表面积无穷大,但体积却为有限值 π. 这里用的表面积计算公式本书没有给出,感兴趣的读者可以参考其他微积分书籍.

图 3.11

第 4 章

无穷级数

无穷级数是微积分理论的一个重要组成部分,无穷级数是数或函数的无限和表现形式.它是进行数值计算的有效工具,计算函数值、构造函数值表、进行积分运算都可以借助于它.在自然科学、工程技术和金融领域里,常常需要用无穷级数来分析解决问题.因此,学习和了解无穷级数在理论上、计算上和实际应用方面都有重要意义.

4.1　芝诺悖论问题

4.1.1　问题的引入:芝诺悖论——阿基里斯追乌龟

古希腊的哲学家和数学家芝诺(Zeno)有一个著名的悖论:设想阿基里斯(Achilles,希腊神话中的神,以善跑而著名)与乌龟赛跑,乌龟的出发点位于阿基里斯前面一段距离.当阿基里斯追到乌龟出发点时,乌龟已经向前爬出了一段距离.当阿基里斯跑完乌龟刚刚爬过的这段路程时,乌龟已经又向前爬过了一段路程.依此类推以至于无穷,阿基里斯永远追不上乌龟(图4.1).

历史上,芝诺提出的这个问题难倒了很多哲学家和数学家,他们既无法证实、也不能推翻这个论断.

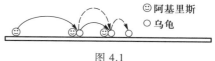

☺阿基里斯
〇乌龟

图 4.1

4.1.2　问题的分析:无穷级数的概念

把每一次阿基里斯与乌龟的距离依次标记为 $u_1, u_2, \cdots, u_n, \cdots$,则得到一个无穷序列.将无穷序列的项全部加在一起,如果其和是无穷大,那么阿基里斯就永远无法追上乌龟.根据生活经验,我们知道这是不可能的.由此可见,此问题要得到解决需要先研究清楚无穷序列的和,下面先给出无穷级数的定义.

定义 4.1　把无穷序列 $u_1, u_2, \cdots, u_n, \cdots$ 的各项依次用加号"+"连接起来得到的式子

$$u_1 + u_2 + \cdots + u_n + \cdots$$

称为**无穷级数**(简称为**级数**),记为 $\sum\limits_{n=1}^{\infty} u_n$,即

$$\sum_{n=1}^{\infty} u_n = u_1 + u_2 + \cdots + u_n + \cdots, \tag{1}$$

其中 u_n 称为级数的**一般项**(或**通项**).

各项是常数的级数,称为(**常**)**数项级数**,例如

$$\frac{3}{10} + \frac{3}{100} + \cdots + \frac{3}{10^n} + \cdots,$$

$$1 - \frac{1}{2} + \frac{1}{3} - \frac{1}{4} + \cdots + (-1)^{n-1}\frac{1}{n} + \cdots,$$

$$1 - 1 + 1 - 1 + \cdots + (-1)^{n-1} + \cdots.$$

各项是函数的级数,称为**函数项级数**,例如

$$1 + x + x^2 + \cdots + x^n + \cdots,$$

$$x - \frac{x^3}{3!} + \frac{x^5}{5!} - \cdots + (-1)^{n-1}\frac{x^{2n-1}}{(2n-1)!} + \cdots,$$

$$\sin x + \frac{1}{3}\sin 3x + \cdots + \frac{1}{2n-1}\sin(2n-1)x + \cdots.$$

这些无穷级数按加法运算逐项累加,永远也加不完,那么该如何计算无穷级数的和?

定义 4.2 无穷级数(1)的前 n 项和

$$S_n = \sum_{k=1}^{n} u_k$$

称为级数(1)的(前 n 项)**部分和**.

这样,级数(1)对应一个部分和序列

$$S_1, S_2, \cdots, S_n, \cdots. \tag{2}$$

定义 4.3 若级数(1)的部分和序列(2)有极限,且

$$\lim_{n \to \infty} S_n = S,$$

则称级数(1)**收敛**,S 为级数(1)的和,即

$$S = \sum_{n=1}^{\infty} u_n = u_1 + u_2 + \cdots + u_n + \cdots.$$

否则,称级数(1)**发散**.

级数的敛散性是一个根本性的问题,它与部分和序列是否有极限是等价的.

定义 4.4 称 $r_n = \sum_{n=1}^{\infty} u_n - S_n = \sum_{k=n+1}^{\infty} u_k$ 为级数(1)的**余**(**项**)和.

定理 4.1 级数(1)收敛的充要条件为 $\lim_{n \to \infty} r_n = 0$.

由定义 4.3 和定义 4.4 容易得到定理 4.1 的证明. 当 n 充分大时,可以用 S_n 近似代替 S,其误差为 $|r_n|$.

例 1 判断级数

$$\sum_{n=2}^{\infty} \ln\left(1 - \frac{1}{n^2}\right)$$

的敛散性,级数收敛时求其和.

解　由于

$$\ln\left(1-\frac{1}{n^2}\right)=\ln\frac{n^2-1}{n^2}=\ln(n^2-1)-\ln n^2$$
$$=\ln(n+1)-2\ln n+\ln(n-1),$$

所以,部分和

$$S_n=\sum_{k=2}^{n}\ln\left(1-\frac{1}{k^2}\right)$$
$$=(\ln 3-2\ln 2+\ln 1)+(\ln 4-2\ln 3+\ln 2)+\cdots+$$
$$\left[\ln(n+1)-2\ln n+\ln(n-1)\right]$$
$$=-\ln 2+\ln(n+1)-\ln n=\ln\left(1+\frac{1}{n}\right)-\ln 2,$$

因此,

$$\lim_{n\to\infty}S_n=-\ln 2.$$

故级数 $\displaystyle\sum_{n=2}^{\infty}\ln\left(1-\frac{1}{n^2}\right)$ 收敛,其和为 $-\ln 2$.

例 2　试证:公比为 r 的**等比级数**(几何级数)

$$\sum_{n=1}^{\infty}ar^{n-1}=a+ar+ar^2+\cdots+ar^{n-1}+\cdots\quad(a\neq 0)\tag{3}$$

当 $|r|<1$ 时收敛,当 $|r|\geqslant 1$ 时发散.

证明　当公比 $r\neq 1$ 时,部分和

$$S_n=a+ar+ar^2+\cdots+ar^{n-1}=\frac{a-ar^n}{1-r}=\frac{a}{1-r}-\frac{ar^n}{1-r}.$$

(1) 若 $|r|<1$,由于 $\lim\limits_{n\to\infty}r^n=0$,所以

$$\lim_{n\to\infty}S_n=\lim_{n\to\infty}\left(\frac{a}{1-r}-\frac{ar^n}{1-r}\right)=\frac{a}{1-r},$$

故当 $|r|<1$ 时,等比级数(3)收敛,其和为 $\dfrac{a}{1-r}$.

(2) 若 $|r|>1$,由于 $\lim\limits_{n\to\infty}r^n=\infty$,所以 S_n 极限不存在,此时等比级数(3)发散.

当公比 $r=1$ 时,$S_n=na$;当公比 $r=-1$ 时,

$$S_n=\begin{cases}a,&n\text{ 为奇数},\\0,&n\text{ 为偶数}.\end{cases}$$

可见当 $n\to\infty$ 时,S_n 极限不存在. 所以当 $|r|=1$ 时,等比级数(3)也发散.　□

例 3　证明:级数 $\displaystyle\sum_{n=1}^{\infty}\frac{n}{2^n}$ 收敛,并求其和.

证明　因为

$$S_n=\frac{1}{2}+\frac{2}{2^2}+\frac{3}{2^3}+\cdots+\frac{n}{2^n},$$

$$2S_n = 1 + \frac{2}{2} + \frac{3}{2^2} + \cdots + \frac{n}{2^{n-1}},$$

后式减前式,得

$$S_n = 1 + \left(\frac{2}{2} - \frac{1}{2}\right) + \left(\frac{3}{2^2} - \frac{2}{2^2}\right) + \cdots + \left(\frac{n}{2^{n-1}} - \frac{n-1}{2^{n-1}}\right) - \frac{n}{2^n}$$

$$= 1 + \frac{1}{2} + \frac{1}{2^2} + \cdots + \frac{1}{2^{n-1}} - \frac{n}{2^n}$$

$$= \frac{1 - \frac{1}{2^n}}{1 - \frac{1}{2}} - \frac{n}{2^n} = 2 - \frac{1}{2^{n-1}} - \frac{n}{2^n},$$

故

$$S = \lim_{n \to \infty} S_n = \lim_{n \to \infty} \left(2 - \frac{1}{2^{n-1}} - \frac{n}{2^n}\right) = 2.$$

这就证明了级数收敛,且和为 2.

例 4 证明:调和级数

$$\sum_{n=1}^{\infty} \frac{1}{n} = 1 + \frac{1}{2} + \frac{1}{3} + \cdots + \frac{1}{n} + \cdots \tag{4}$$

发散.

证明 由不等式 $x > \ln(1+x)\,(x>0)$,得

$$S_n > \ln(1+1) + \ln\left(1 + \frac{1}{2}\right) + \cdots + \ln\left(1 + \frac{1}{n}\right)$$

$$= \ln 2 + \ln 3 - \ln 2 + \cdots + \ln(n+1) - \ln n$$

$$= \ln(n+1),$$

而 $\lim\limits_{n \to \infty} \ln(n+1) = +\infty$,于是 $\lim\limits_{n \to \infty} S_n = +\infty$,故调和级数(4)发散.

调和级数是由调和数列各元素相加所得的和,数学家奥里斯姆(Oresme)证明了调和级数是发散于无穷的.学过乐器的人都知道,通常的乐器发出一个乐音,并不是某个单独频率的声音,而是若干个频率声音的叠加,其中有一个基础的频率声音,称为基频,其余声音的频率是它的整数倍,称为泛音.那么根据频率和波长的关系,不难想到,以基频的波长为 1,泛音列的波长就是 $\frac{1}{2}$,$\frac{1}{3}$,$\frac{1}{4}$,$\frac{1}{5}$,$\cdots$,将这个泛音列的波长无穷延续下去加起来,就是调和级数.

由极限运算的性质,容易得到无穷级数的下列性质:

性质 4.1 设 k 为非零常数,则级数 $\sum\limits_{n=1}^{\infty} ku_n$ 和 $\sum\limits_{n=1}^{\infty} u_n$ 敛散性相同.在收敛的情况下,有

$$\sum_{n=1}^{\infty} ku_n = k \sum_{n=1}^{\infty} u_n.$$

证明 由级数的部分和

$$\sum_{i=1}^{n} k u_i = k \sum_{i=1}^{n} u_i$$

以及极限的性质

$$\lim_{n \to \infty} \sum_{i=1}^{n} k u_i = k \lim_{n \to \infty} \sum_{i=1}^{n} u_i,$$

即可得证. □

性质 4.2　若级数 $\sum_{n=1}^{\infty} u_n$ 和 $\sum_{n=1}^{\infty} v_n$ 均收敛,则逐项相加(减)得到的级数 $\sum_{n=1}^{\infty} (u_n \pm v_n)$ 也收敛,且

$$\sum_{n=1}^{\infty} u_n \pm \sum_{n=1}^{\infty} v_n = \sum_{n=1}^{\infty} (u_n \pm v_n).$$

证明　由级数的部分和

$$\sum_{i=1}^{n} (u_i \pm v_i) = \sum_{i=1}^{n} u_i \pm \sum_{i=1}^{n} v_i$$

以及极限的性质

$$\lim_{n \to \infty} \sum_{i=1}^{n} (u_i \pm v_i) = \lim_{n \to \infty} \sum_{i=1}^{n} u_i \pm \lim_{n \to \infty} \sum_{i=1}^{n} v_i,$$

即可得证. □

由性质 4.2 易知,在两个级数中,若一个收敛,另一个发散,则它们逐项相加(减)得到的级数必发散. 但是两个发散级数逐项相加(减)得到的级数不一定发散,例如,级数 $\sum_{n=1}^{\infty} (-1)^n$ 和 $\sum_{n=1}^{\infty} (-1)^{n-1}$ 都发散,但 $\sum_{n=1}^{\infty} [(-1)^n + (-1)^{n-1}] = \sum_{n=1}^{\infty} 0 = 0$ 收敛.

性质 4.3　任意去掉、增加或改变级数的有限项,不改变级数的敛散性. 但对于收敛级数,其和一般会改变.

性质 4.4　在收敛级数的项中任意增加(有限个或无限个)括号,既不改变级数的收敛性也不改变级数和.

但收敛级数去掉无穷多个括号,级数的敛散性一般要改变,例如级数

$$(1-1) + (1-1) + \cdots + (1-1) + \cdots$$

是收敛的,其和为零,去掉括号后得到的级数

$$1 - 1 + 1 - 1 + \cdots + (-1)^{n-1} + \cdots$$

发散.

性质 4.5(级数收敛的必要条件)　若级数 $\sum_{n=1}^{\infty} u_n$ 收敛,则

$$\lim_{n \to \infty} u_n = 0,$$

即收敛级数的一般项必趋于零(是无穷小).

证明　设 $S = \sum_{n=1}^{\infty} u_n$,于是

$$\lim_{n \to \infty} u_n = \lim_{n \to \infty} (S_n - S_{n-1}) = \lim_{n \to \infty} S_n - \lim_{n \to \infty} S_{n-1} = S - S = 0.$$

□

"一般项为无穷小"仅为级数收敛的必要条件,并非充分条件,如调和级数 $\sum\limits_{n=1}^{\infty}\dfrac{1}{n}$ 的一般项 $\dfrac{1}{n}$ 是无穷小,但调和级数发散.

4.1.3 问题的深入:无穷级数的判别法

一般的常数项级数,它的各项可以是正数、负数或者零.

定义 4.5 若级数 $\sum\limits_{n=1}^{\infty} u_n$ 的各项都是非负实数,即 $u_n \geqslant 0$,则称其为**正项级数**.

正项级数的部分和数列 $\{S_n\}$ 是单调递增的,即

$$S_1 \leqslant S_2 \leqslant \cdots \leqslant S_n \leqslant \cdots.$$

若部分和数列 $\{S_n\}$ 有上界,由单调有界原理可知其必有极限,从而级数 $\sum\limits_{n=1}^{\infty} u_n$ 收敛;若 $\{S_n\}$ 无上界,则 $\lim\limits_{n \to \infty} S_n = +\infty$,级数 $\sum\limits_{n=1}^{\infty} u_n$ 必发散. 故可得到如下定理:

定理 4.2 正项级数收敛的充要条件是其部分和数列有上界.

不难看出,正项级数可以任意加括号,其敛散性不变;对收敛的正项级数,加括号后其和也不变. 若收敛的正项级数的和为 S,则 $S \geqslant S_n$. 由定理 4.2 容易推导出:

定理 4.3(比较判别法) 设 $\sum\limits_{n=1}^{\infty} u_n, \sum\limits_{n=1}^{\infty} v_n$ 都是正项级数,且满足不等式

$$u_n \leqslant v_n \quad (n = 1, 2, \cdots),$$

则当级数 $\sum\limits_{n=1}^{\infty} v_n$ 收敛时,级数 $\sum\limits_{n=1}^{\infty} u_n$ 也收敛;当级数 $\sum\limits_{n=1}^{\infty} u_n$ 发散时,级数 $\sum\limits_{n=1}^{\infty} v_n$ 也发散.

简言之,就是"大的收敛,小的就收敛;小的发散,大的也发散".

例 5 试证:p 级数

$$\sum_{n=1}^{\infty} \frac{1}{n^p} = 1 + \frac{1}{2^p} + \frac{1}{3^p} + \cdots + \frac{1}{n^p} + \cdots$$

当 $p \leqslant 1$ 时发散;当 $p > 1$ 时收敛.

证明 当 $p \leqslant 1$ 时,有

$$\frac{1}{n^p} \geqslant \frac{1}{n} \quad (n = 1, 2, \cdots),$$

而调和级数 $\sum\limits_{n=1}^{\infty} \dfrac{1}{n}$ 发散,故由比较判别法得 $p \leqslant 1$ 时,p 级数 $\sum\limits_{n=1}^{\infty} \dfrac{1}{n^p}$ 发散.

当 $p > 1$ 时,由于在正项级数中任意加括号不改变其敛散性,于是级数

$$1 + \left(\frac{1}{2^p} + \frac{1}{3^p} \right) + \left(\frac{1}{4^p} + \frac{1}{5^p} + \frac{1}{6^p} + \frac{1}{7^p} \right) + \left(\frac{1}{8^p} + \cdots + \frac{1}{15^p} \right) + \cdots$$

和 p 级数具有相同的敛散性. 因为

$$1 + \left(\frac{1}{2^p} + \frac{1}{3^p} \right) + \left(\frac{1}{4^p} + \frac{1}{5^p} + \frac{1}{6^p} + \frac{1}{7^p} \right) + \left(\frac{1}{8^p} + \cdots + \frac{1}{15^p} \right) + \cdots$$

$$< 1 + \left(\frac{1}{2^p} + \frac{1}{2^p} \right) + \left(\frac{1}{4^p} + \frac{1}{4^p} + \frac{1}{4^p} + \frac{1}{4^p} \right) + \left(\frac{1}{8^p} + \cdots + \frac{1}{8^p} \right) + \cdots$$

$$= 1 + \frac{1}{2^{p-1}} + \frac{1}{4^{p-1}} + \frac{1}{8^{p-1}} + \cdots = \sum_{n=1}^{\infty} \frac{1}{\left(2^{p-1} \right)^{n-1}},$$

其中 $\displaystyle\sum_{n=1}^{\infty} \frac{1}{\left(2^{p-1} \right)^{n-1}}$ 是收敛的等比级数,公比为 $\dfrac{1}{2^{p-1}} < 1 (p > 1)$,故由比较判别法知 $p > 1$ 时,p 级数

$\displaystyle\sum_{n=1}^{\infty} \frac{1}{n^p}$ 收敛. □

使用正项级数的比较判别法时,常用一些敛散性已知的级数作为比较的标准,如等比级数 $\displaystyle\sum_{n=1}^{\infty} ar^n$ 和 p 级数 $\displaystyle\sum_{n=1}^{\infty} \frac{1}{n^p}$. 当估计某一个正项级数可能收敛时,可将它的项适当放大,若新级数是已知的收敛级数,则可断定原级数收敛;当估计某一个正项级数可能发散时,可将它的项适当缩小,若新级数是已知的发散级数,则可断定原级数发散.

例 6　讨论下列正项级数的敛散性:

(1) $\displaystyle\sum_{n=1}^{\infty} 2^n \sin \frac{\pi}{3^n}$;　　　　(2) $\displaystyle\sum_{n=1}^{\infty} \frac{1}{\sqrt[3]{n(n+1)}}$;　　　　(3) $\displaystyle\sum_{n=1}^{\infty} \int_0^{\frac{1}{n}} \frac{\sqrt{x}}{1+x^2} dx$.

解　(1) 因为

$$0 < u_n = 2^n \sin \frac{\pi}{3^n} < 2^n \frac{\pi}{3^n} = \pi \left(\frac{2}{3} \right)^n,$$

又等比级数 $\displaystyle\sum_{n=1}^{\infty} \pi \left(\frac{2}{3} \right)^n$ 收敛,故由比较判别法知级数 $\displaystyle\sum_{n=1}^{\infty} 2^n \sin \frac{\pi}{3^n}$ 收敛.

(2) 因为

$$u_n = \frac{1}{\sqrt[3]{n(n+1)}} > \frac{1}{(n+1)^{2/3}},$$

又 p 级数 $\displaystyle\sum_{n=1}^{\infty} \frac{1}{(n+1)^{2/3}}$ 发散 $\left(p = \frac{2}{3} < 1 \right)$,故由比较判别法知,级数 $\displaystyle\sum_{n=1}^{\infty} \frac{1}{\sqrt[3]{n(n+1)}}$ 发散.

(3) 因为

$$0 < u_n = \int_0^{\frac{1}{n}} \frac{\sqrt{x}}{1+x^2} dx < \int_0^{\frac{1}{n}} \sqrt{x} \, dx = \frac{2}{3} \frac{1}{n^{\frac{3}{2}}},$$

又 p 级数 $\displaystyle\sum_{n=1}^{\infty} \frac{1}{n^{3/2}}$ 收敛 $\left(p = \frac{3}{2} > 1 \right)$,故由比较判别法知,级数 $\displaystyle\sum_{n=1}^{\infty} \int_0^{\frac{1}{n}} \frac{\sqrt{x}}{1+x^2} dx$ 收敛.

使用比较判别法时,需要找一个敛散性已知的级数作为比较的对象,一般说来技巧性高,难度大. 下面给出的比值判别法和根值判别法,它们的优点是由正项级数本身就能判定其敛散性.

定理 4.4(比值判别法或达朗贝尔(D'Alembert)判别法)　对正项级数 $\displaystyle\sum_{n=1}^{\infty} u_n$,若

$$\lim_{n \to \infty} \frac{u_{n+1}}{u_n} = \rho,$$

则当 $\rho < 1$ 时,级数收敛;当 $\rho > 1$ (或 $\rho = +\infty$)时,级数发散.

定理 4.5(根值判别法或柯西判别法) 对正项级数 $\sum_{n=1}^{\infty} u_n$,若

$$\lim_{n \to \infty} \sqrt[n]{u_n} = \rho,$$

则当 $\rho < 1$ 时,级数收敛;当 $\rho > 1$ (或 $\rho = +\infty$)时,级数发散.

需强调指出:

(1) 用比值判别法或根值判别法判定级数发散($\rho > 1$)时,级数的通项 u_n 不趋于零. 后面将用到这一点.

(2) 当 $\rho = 1$ 时,比值判别法和根值判别法失效. 例如,对 p 级数 $\sum_{n=1}^{\infty} \frac{1}{n^p}$,有

$$\lim_{n \to \infty} \frac{u_{n+1}}{u_n} = \lim_{n \to \infty} \left(\frac{n}{n+1} \right)^p = 1,$$

所以比值判别法不能判定 p 级数的敛散性.

例 7 判定 $\sum_{n=1}^{\infty} \frac{n}{2^n} \cos^2 \frac{n\pi}{3}$ 的敛散性.

解 因为 $0 \leqslant \cos^2 \frac{n\pi}{3} \leqslant 1$,所以

$$0 \leqslant \frac{n}{2^n} \cos^2 \frac{n\pi}{3} \leqslant \frac{n}{2^n} \quad (n = 1, 2, \cdots),$$

又因为

$$\lim_{n \to \infty} \left(\frac{n+1}{2^{n+1}} \Big/ \frac{n}{2^n} \right) = \lim_{n \to \infty} \frac{n+1}{2n} = \frac{1}{2} < 1,$$

故级数 $\sum_{n=1}^{\infty} \frac{n}{2^n}$ 收敛. 再由比较判别法知,$\sum_{n=1}^{\infty} \frac{n}{2^n} \cos^2 \frac{n\pi}{3}$ 也收敛.

例 8 讨论级数 $\sum_{n=1}^{\infty} \left(\frac{n}{2n+1} \right)^{an}$ 的敛散性.

解 因为

$$\lim_{n \to \infty} \sqrt[n]{u_n} = \lim_{n \to \infty} \sqrt[n]{\left(\frac{n}{2n+1} \right)^{an}} = \lim_{n \to \infty} \left(\frac{n}{2n+1} \right)^a = \left(\frac{1}{2} \right)^a,$$

所以,当 $a > 0$ 时,$\left(\frac{1}{2} \right)^a < 1$,级数收敛;当 $a < 0$ 时,$\left(\frac{1}{2} \right)^a > 1$,级数发散;当 $a = 0$ 时,根值判别法失效,

但此时级数为 $\sum_{n=1}^{\infty} 1$,级数发散.

定义 4.6 既有正项,又有负项的级数,称为**任意项级数**.

不特别指明时,级数指的是任意项级数.

对于任意项级数,它的收敛问题能否借助于正项级数敛散性判别法来解决呢? 设

$$\sum_{n=1}^{\infty} u_n = u_1 + u_2 + \cdots + u_n + \cdots \tag{5}$$

为任意项级数,将其各项取绝对值,得到一个正项级数

$$\sum_{n=1}^{\infty} |u_n| = |u_1| + |u_2| + \cdots + |u_n| + \cdots. \tag{6}$$

定义 4.7 若级数(6)收敛,则称级数(5)**绝对收敛**;若级数(5)收敛但级数(6)发散,则称级数(5)**条件收敛**.

定理 4.6 若级数绝对收敛,则级数必收敛.

正项与负项相间的级数,称为交错级数.设 $u_n \geq 0, n = 1, 2, \cdots$,则交错级数形如

$$\sum_{n=1}^{\infty} (-1)^{n-1} u_n = u_1 - u_2 + u_3 - \cdots + (-1)^{n-1} u_n + \cdots \tag{7}$$

或

$$\sum_{n=1}^{\infty} (-1)^n u_n = -u_1 + u_2 - u_3 + \cdots + (-1)^n u_n + \cdots. \tag{8}$$

定理 4.7(莱布尼茨判别法)   若交错级数(7)满足条件

(1) $\lim_{n \to \infty} u_n = 0$;

(2) $u_n \geq u_{n+1}, n = 1, 2, \cdots$,

则级数(7)收敛,且其和 $S \leq u_1$,余项和 $r_n = S - S_n$ 的绝对值 $|r_n| \leq u_{n+1}$.

例 9   判定级数 $\sum_{n=1}^{\infty} (-1)^{n-1} \dfrac{1+n}{n^2}$ 的敛散性,若收敛,指明是条件收敛还是绝对收敛.

解 $\lim_{n \to \infty} u_n = \lim_{n \to \infty} \dfrac{n+1}{n^2} = 0$,

$$u_n = \frac{1}{n} + \frac{1}{n^2} > \frac{1}{n+1} + \frac{1}{(n+1)^2} = u_{n+1} \quad (n = 1, 2, \cdots),$$

由莱布尼茨判别法,级数 $\sum_{n=1}^{\infty} (-1)^{n-1} \dfrac{1+n}{n^2}$ 收敛.

因 $\dfrac{1+n}{n^2} = \dfrac{1}{n^2} + \dfrac{1}{n} \geq \dfrac{1}{n}$,且调和级数 $\sum_{n=1}^{\infty} \dfrac{1}{n}$ 发散,由定理4.3 知,$\sum_{n=1}^{\infty} \dfrac{1+n}{n^2}$ 发散. 故 $\sum_{n=1}^{\infty} (-1)^{n-1} \dfrac{1+n}{n^2}$ 条件收敛.

例 10   判定下列级数的敛散性,对收敛级数要指明是条件收敛还是绝对收敛.

(1) $\sum_{n=1}^{\infty} (-1)^{\frac{n(n+1)}{2}} \dfrac{1}{2^n}$;   (2) $\sum_{n=1}^{\infty} \dfrac{(-n)^n}{n!}$.

解   (1) 因为

$$\sum_{n=1}^{\infty} \left| (-1)^{\frac{n(n+1)}{2}} \frac{1}{2^n} \right| = \sum_{n=1}^{\infty} \frac{1}{2^n}.$$

而等比级数 $\sum_{n=1}^{\infty} \dfrac{1}{2^n}$ 收敛,所以级数 $\sum_{n=1}^{\infty} (-1)^{\frac{n(n+1)}{2}} \dfrac{1}{2^n}$ 绝对收敛.

（2）因为

$$\sum_{n=1}^{\infty} \left| \frac{(-n)^n}{n!} \right| = \sum_{n=1}^{\infty} \frac{n^n}{n!},$$

又

$$\lim_{n \to \infty} \left[\frac{(n+1)^{n+1}}{(n+1)!} \middle/ \frac{n^n}{n!} \right] = \lim_{n \to \infty} \left(\frac{n+1}{n} \right)^n = e > 1,$$

由正项级数的比值判别法知，级数 $\sum_{n=1}^{\infty} \frac{n^n}{n!}$ 发散，从而级数 $\sum_{n=1}^{\infty} \frac{(-n)^n}{n!}$ 不绝对收敛. 由于 $\frac{u_{n+1}}{u_n} > 1$，因此级数 $\sum_{n=1}^{\infty} \frac{(-n)^n}{n!}$ 是发散的.

4.1.4 问题的解决及拓展：无穷级数的应用

设阿基里斯的速度为 v，乌龟的速度为 $\frac{v}{a}$（$a > 1$），阿基里斯走到乌龟的出发点需时 t；这时乌龟又前行了路程 $\frac{vt}{a}$，阿基里斯走过这段路程需时 $\frac{t}{a}$；这时乌龟又前行了路程 $\frac{vt}{a^2}$，阿基里斯走完这段路程需时 $\frac{t}{a^2}$，如此下去，阿基里斯追赶乌龟所需时间就是公比为 $\frac{1}{a} < 1$ 的等比级数的和

$$\sum_{k=0}^{\infty} \frac{t}{a^k} = \frac{t}{1 - \frac{1}{a}} = \frac{at}{a-1}.$$

阿基里斯只需用这有限的时间就可以追上乌龟.

除了这个问题外，还有许多问题的解决都需要用到无穷级数. 比如我国古代数学家刘徽的割圆术，是利用圆内接正多边形的面积去解决圆的面积计算问题，并求得圆周率 π 的近似值为 3.141 6.

大家知道半径为 1 的圆面积是 $\pi = 3.141\ 59\cdots$，刘徽的方法是：先作一个圆内接正六边形，其面积记为 a_1（$a_1 = 6 \times \frac{1}{2} \sin 60° = \frac{3}{2}\sqrt{3} \approx 2.598$），显然 a_1 与半径为 1 的圆面积 π 相差很大. 再在此六边形的每一条边上作一个顶点在圆周上的等腰三角形，把所得的六个等腰三角形的面积记为 a_2，则 $a_1 + a_2$（这是圆内接正十二边形的面积，为 $12 \times \frac{1}{2} \sin 30° = 3$）比 a_1 更接近圆的面积 π. 可以想到，在这正十二边形的每条边上再作一个顶点在圆周上的等腰三角形，记此十二个等腰三角形的面积之和为 a_3，则 $a_1 + a_2 + a_3$（这是圆内接正二十四边形的面积，约为 3.106）比 $a_1 + a_2$ 又更接近圆面积 π. 如此继续，我们需要计算无穷多项相加的和：

$$a_1 + a_2 + \cdots + a_n + \cdots.$$

直观上可以想到

$$\pi = \lim_{n \to \infty} (a_1 + a_2 + \cdots + a_n).$$

再比如实数，通常用十进制小数的形式表示，有理数为有限小数或无限循环小数，无理数为

无限不循环小数. 如果把有限小数看成无限小数的特例,比如 3.14 看成 3.140 0…(甚至看成 3.139 9…),则任一实数都可写成无限小数的形式 $a_0.a_1a_2\cdots a_n\cdots$(其中 a_0 为整数,其余 a_k 为 0 至 9 的整数,$k=1,2,\cdots$),而 $a_0.a_1a_2\cdots a_n\cdots$ 实质上就是无穷级数

$$a_0+\frac{a_1}{10}+\frac{a_2}{10^2}+\cdots+\frac{a_n}{10^n}+\cdots.$$

习题 4.1

1. 用定义判定下列级数的敛散性,对收敛级数,求出其和:

(1) $\displaystyle\sum_{n=1}^{\infty}\frac{1}{2^n}$;

(2) $\displaystyle\sum_{n=1}^{\infty}\sin\frac{n\pi}{2}$;

(3) $\displaystyle\sum_{n=1}^{\infty}\frac{1}{(5n-4)(5n+1)}$;

(4) $\displaystyle\sum_{n=1}^{\infty}\frac{1}{n(n+1)(n+2)}$.

2. 将循环小数 $0.\overset{\cdot}{7}\overset{\cdot}{3}$ 化为分数.

3. 一类慢性病患者需每天服用某种药物,按药理,一般患者体内药量需维持在 20 mg~25 mg. 设体内药物每天排泄 80%,问患者每天服用的药量为多少?

4. 判定下列级数的敛散性.

(1) $\frac{1}{2}+\frac{1}{5}+\frac{1}{10}+\frac{1}{17}+\cdots$;

(2) $1+\frac{1+2}{1+2^2}+\frac{1+3}{1+3^2}+\cdots$;

(3) $\displaystyle\sum_{n=1}^{\infty}\frac{2^n n!}{n^n}$;

(4) $\displaystyle\sum_{n=1}^{\infty}\frac{2\cdot5\cdot\cdots\cdot(3n-1)}{1\cdot5\cdot\cdots\cdot(4n-3)}$;

(5) $\displaystyle\sum_{n=1}^{\infty}\left(\frac{n}{3n+1}\right)^n$;

(6) $\frac{3}{1\cdot2}+\frac{3^2}{2\cdot2^2}+\frac{3^3}{3\cdot2^3}+\cdots$.

5. 判定下列级数的敛散性,如果收敛,是条件收敛还是绝对收敛?

(1) $1-\frac{1}{\sqrt{2}}+\frac{1}{\sqrt{3}}-\frac{1}{\sqrt{4}}+\cdots+(-1)^{n-1}\frac{1}{\sqrt{n}}+\cdots$;

(2) $\displaystyle\sum_{n=1}^{\infty}\left(\frac{\sin n\alpha}{n^2}-\frac{1}{\sqrt{n}}\right)$.

6. 设常数 $k>0$,则级数 $\displaystyle\sum_{n=1}^{\infty}(-1)^n\frac{k+n}{n^2}$(　　).

(A) 发散

(B) 绝对收敛

(C) 条件收敛

(D) 收敛或发散与 k 的取值有关

7. 设部分和 $S_n=\displaystyle\sum_{k=1}^{n}u_k$,则数列 $\{S_n\}$ 有界是级数 $\displaystyle\sum_{n=1}^{\infty}u_n$ 收敛的(　　).

(A) 充分条件,但非必要条件

(B) 必要条件,但非充分条件

(C) 充要条件

(D) 非充分条件,又非必要条件

4.2　斐波那契数列问题

4.2.1　问题的引入:斐波那契数列

斐波那契(Fibonacci)数列,也称为黄金分割数列,因数学家斐波那契以兔子繁殖为例而引

入,故又称为"兔子数列".

问题:一对成年兔子每个月可以生下一对小兔子.年初时只有一对小兔子,第一个月结束时,它们成长为成年兔子,并且在第二个月结束时,这对成年兔子将生下一对小兔子.这种成长与繁殖的过程一直持续下去,并且假设这个过程中不会有兔子死亡.问一年后会有多少对兔子?

分析:记 F_n 为第 n 个月结束时的兔子对数,兔子的繁殖规律如图 4.2 所示.

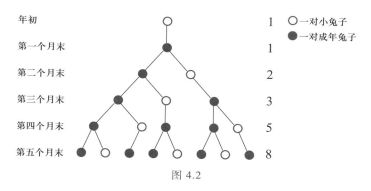

图 4.2

抽象成数学问题:设数列 $\{F_n\}$ 满足 $F_{n+2}=F_{n+1}+F_n$,$F_0=F_1=1$,求数列通项 $F_n(n\geqslant 0)$.

在现代物理、准晶体结构、化学等领域,斐波那契数列都有直接的应用.为此,美国数学会从 1963 年起发行了以《斐波那契数列季刊》为名的数学杂志,专门用于刊载这方面的研究成果.

4.2.2 问题的分析:幂级数

为构造斐波那契数列的通项公式,需要引入幂级数.下面先介绍函数项级数的概念.

定义 4.8 设函数 $u_n(x)(n=1,2,\cdots)$ 在集合 X 上有定义,对函数项级数

$$\sum_{n=1}^{\infty} u_n(x) = u_1(x) + u_2(x) + \cdots + u_n(x) + \cdots, \tag{1}$$

当点 $x_0 \in X$ 时,若数项级数

$$\sum_{n=1}^{\infty} u_n(x_0) = u_1(x_0) + u_2(x_0) + \cdots + u_n(x_0) + \cdots \tag{2}$$

收敛,则称 x_0 为函数项级数(1)的**收敛点**,否则称 x_0 为函数项级数(1)的**发散点**.所有收敛点构成的集合,称为函数项级数(1)的**收敛域**;发散点构成的集合称为函数项级数(1)的**发散域**.

定义 4.9 设 J 为函数项级数(1)的收敛域,$\forall x \in J$,级数(1)的和都存在,且该和是 J 上的函数,称为函数项级数(1)的**和函数**,记为 $S(x)$,即

$$S(x) = \sum_{n=1}^{\infty} u_n(x).$$

函数项级数当中有一类非常特殊且常用的级数,称之为幂级数,定义如下:

定义 4.10 形如

$$\sum_{n=0}^{\infty} a_n x^n = a_0 + a_1 x + a_2 x^2 + \cdots + a_n x^n + \cdots \tag{3}$$

的函数项级数,称为 x 的**幂级数**,其中常数 $a_n(n=0,1,2,\cdots)$ 称为幂级数的**系数**.

更一般地,形如

$$\sum_{n=0}^{\infty} a_n (x-x_0)^n = a_0 + a_1(x-x_0) + a_2(x-x_0)^2 + \cdots + a_n(x-x_0)^n + \cdots \qquad (4)$$

的函数项级数,称为$(x-x_0)$的幂级数,其中 x_0 为固定值.

幂级数的项都在 $(-\infty, +\infty)$ 上有定义,对每个实数 x,幂级数(3)或者收敛,或者发散. 任何一个幂级数(3)在原点 $x=0$ 处都收敛. 可以证明,存在一个实数 $R \geqslant 0$,使得 $|x| < R$ 时幂级数(3)绝对收敛,且 $|x| > R$ 时幂级数(3)发散. 称 R 为幂级数(3)的**收敛半径**,开区间 $(-R, R)$ 为幂级数(3)的**收敛区间**.

对于 $x = \pm R$,还需要单独讨论级数

$$\sum_{n=0}^{\infty} a_n (-R)^n, \qquad \sum_{n=0}^{\infty} a_n R^n$$

是否收敛,才能最后确定收敛域.

求幂级数(3)的收敛半径 R,可以用公式

$$R = \lim_{n \to \infty} \frac{|a_n|}{|a_{n+1}|}.$$

例如,级数

$$1 + x + x^2 + \cdots + x^n + \cdots$$

的各项系数都是 1,显然有 $R = 1$. 对于级数

$$x - \frac{x^2}{2} + \frac{x^3}{3} - \cdots + (-1)^{n+1} \frac{x^n}{n} + \cdots,$$

收敛半径

$$R = \lim_{n \to \infty} \frac{|a_n|}{|a_{n+1}|} = \lim_{n \to \infty} \frac{n+1}{n} = 1.$$

当 $R = 0$ 时,收敛区间退化为一点 $x = 0$;当 $R = +\infty$ 时,收敛区间为整个数轴 $(-\infty, +\infty)$. 当 R 是有限正数时,在收敛区间的端点 $x = \pm R$ 处,幂级数可能收敛也可能发散,需要具体情况具体分析.

例 1　求下列幂级数的收敛半径、收敛区间与收敛域:

(1) $\displaystyle\sum_{n=1}^{\infty} \frac{x^n}{2^n n}$;　　　　　　　　　　　(2) $\displaystyle\sum_{n=0}^{\infty} \frac{x^n}{(2n)!!}$.

解　(1) 收敛半径

$$R = \lim_{n \to \infty} \left| \frac{a_n}{a_{n+1}} \right| = \lim_{n \to \infty} \left(\frac{1}{2^n n} \Big/ \frac{1}{2^{n+1}(n+1)} \right) = \lim_{n \to \infty} \frac{2(n+1)}{n} = 2,$$

故收敛区间为 $(-2, 2)$.

当 $x = -2$ 时,级数为 $\displaystyle\sum_{n=1}^{\infty} (-1)^n \frac{1}{n}$,是收敛的交错级数;当 $x = 2$ 时,级数为 $\displaystyle\sum_{n=1}^{\infty} \frac{1}{n}$,是调和级数,发散. 因此,幂级数 $\displaystyle\sum_{n=1}^{\infty} \frac{x^n}{2^n n}$ 的收敛域为 $[-2, 2)$.

(2) 题中 $(2n)!! = 2 \cdot 4 \cdots \cdots 2n$. 因收敛半径

$$R = \lim_{n \to \infty} \left| \frac{a_n}{a_{n+1}} \right| = \lim_{n \to \infty} \left[\frac{1}{(2n)!!} \Big/ \frac{1}{(2n+2)!!} \right] = \lim_{n \to \infty} (2n+2) = +\infty,$$

故幂级数 $\sum\limits_{n=0}^{\infty} \dfrac{x^n}{(2n)!!}$ 的收敛域为 $(-\infty, +\infty)$.

例 2　求幂级数 $\sum\limits_{n=1}^{\infty} \dfrac{(x-2)^{2n}}{n \cdot 4^n}$ 的收敛域.

解　令 $t = (x-2)^2$，则级数 $\sum\limits_{n=1}^{\infty} \dfrac{(x-2)^{2n}}{n \cdot 4^n}$ 变为 t 的幂级数 $\sum\limits_{n=1}^{\infty} \dfrac{t^n}{n \cdot 4^n}$，其收敛半径为

$$R_t = \lim_{n \to \infty} \frac{(n+1)4^{n+1}}{n \cdot 4^n} = 4.$$

当 $x-2 = \pm 2$ 时，原级数为调和级数 $\sum\limits_{n=1}^{\infty} \dfrac{1}{n}$，发散.

故收敛域为 $\{x \mid -2 < x-2 < 2\}$，即 $(0,4)$.

下面不加证明地给出幂级数的一些性质.

性质 4.6　两个幂级数在它们共同的收敛区间内可以逐项相加或相减，即

$$\left(\sum_{n=0}^{\infty} a_n x^n \right) \pm \left(\sum_{n=0}^{\infty} b_n x^n \right) = \sum_{n=0}^{\infty} (a_n \pm b_n) x^n.$$

性质 4.7　幂级数的和函数在其收敛区间内连续.

性质 4.8　幂级数在收敛域内可逐项积分，且收敛半径不变，即有

$$\int_0^x \sum_{n=0}^{\infty} a_n t^n \mathrm{d}t = \sum_{n=0}^{\infty} \left(a_n \int_0^x t^n \mathrm{d}t \right) = \sum_{n=0}^{\infty} \frac{a_n}{n+1} x^{n+1}.$$

性质 4.9　幂级数在收敛域内可逐项微分，且收敛半径不变，即有

$$\left(\sum_{n=0}^{\infty} a_n x^n \right)' = \sum_{n=0}^{\infty} (a_n x^n)' = \sum_{n=1}^{\infty} n a_n x^{n-1}.$$

幂级数逐项积分或微分后，虽然收敛半径和收敛区间不变，但收敛域有可能改变. 例如

$$\frac{1}{1+x} = 1 - x + x^2 - \cdots + (-1)^n x^n + \cdots$$

的收敛域是 $(-1,1)$，但逐项积分后的幂级数

$$\ln(1+x) = x - \frac{x^2}{2} + \frac{x^3}{3} - \cdots + (-1)^{n-1} \frac{x^n}{n} + \cdots$$

的收敛域是 $(-1,1]$. 这是因为，当 $x=1$ 时，等式左边的函数（和函数）有定义、连续，等式右边的级数收敛.

4.2.3　问题的深入：幂级数的展开

由第二章的泰勒公式知，若函数 $f(x)$ 在点 x_0 的某邻域 $U(x_0)$ 内有 $n+1$ 阶导数，则 $f(x)$ 可表示为

$$f(x) = f(x_0) + \frac{f'(x_0)}{1!}(x-x_0) + \frac{f''(x_0)}{2!}(x-x_0)^2 + \cdots + \frac{f^{(n)}(x_0)}{n!}(x-x_0)^n + R_n(x), \tag{5}$$

其中 $R_n(x)$ 为展开式的余项. 若

$$R_n(x) = \frac{f^{(n+1)}(\xi)}{(n+1)!}(x-x_0)^{n+1}, \quad \xi \text{ 介于 } x_0 \text{ 和 } x \text{ 之间,}$$

则公式(5)就是函数 $f(x)$ 在点 x_0 处的泰勒展开式, $R_n(x)$ 是拉格朗日(Lagrange)型余项.

若 $f(x)$ 在点 x_0 的某邻域 $U(x_0)$ 内任意阶连续可导,记为 $f(x) \in C^\infty(U(x_0))$,则函数 $f(x)$ 是否可展为幂级数

$$f(x_0) + \frac{f'(x_0)}{1!}(x-x_0) + \frac{f''(x_0)}{2!}(x-x_0)^2 + \cdots + \frac{f^{(n)}(x_0)}{n!}(x-x_0)^n + \cdots? \tag{6}$$

为研究此问题,首先给出如下概念:

定义 4.11　称幂级数(6)为函数 $f(x)$ 在点 x_0 处(诱导出)的**泰勒级数**. 特别地,当 $x_0 = 0$ 时,称幂级数

$$f(0) + \frac{f'(0)}{1!}x + \frac{f''(0)}{2!}x^2 + \cdots + \frac{f^{(n)}(0)}{n!}x^n + \cdots \tag{7}$$

为 $f(x)$(诱导出)的**麦克劳林级数**.

显然,泰勒级数(6)收敛到函数 $f(x)$ 的自变量范围和 $R_n(x) \to 0$ 的自变量范围是一致的.

定理 4.8　若 $f(x) \in C^\infty(U(x_0))$,则它在点 x_0 处能展开成泰勒级数

$$\sum_{n=0}^{\infty} \frac{f^{(n)}(x_0)}{n!}(x-x_0)^n$$

的充要条件是

$$\lim_{n\to\infty} R_n(x) = 0, \quad \forall x \in U(x_0). \tag{8}$$

在条件(8)不成立的范围内,函数 $f(x)$ 的泰勒级数(6)即使收敛,也不收敛到 $f(x)$. 譬如,函数

$$f(x) = \begin{cases} e^{-\frac{1}{x^2}}, & x \neq 0, \\ 0, & x = 0, \end{cases}$$

图形如图 4.3 所示. 由于

$$f(0) = f'(0) = f''(0) = \cdots = 0,$$

所以,函数 $f(x)$ 的麦克劳林级数各项系数均为零,显然该级数在整个数轴上收敛到零. 除 $x=0$ 外,在任何其他点 x 处都未收敛到函数 $f(x)$,这就是因为除原点外,(8)式都不成立之故.

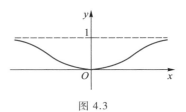

图 4.3

下面给出一些初等函数在点 $x=0$ 处的麦克劳林级数:

$$e^x = \sum_{n=0}^{\infty} \frac{x^n}{n!} = 1 + x + \frac{x^2}{2!} + \cdots + \frac{x^n}{n!} + \cdots, x \in (-\infty, +\infty);$$

$$\sin x = \sum_{n=0}^{\infty} (-1)^n \frac{x^{2n+1}}{(2n+1)!}$$

$$= x - \frac{x^3}{3!} + \frac{x^5}{5!} - \cdots + (-1)^n \frac{x^{2n+1}}{(2n+1)!} + \cdots, \quad x \in (-\infty, +\infty);$$

$$\cos x = \sum_{n=0}^{\infty} (-1)^n \frac{x^{2n}}{(2n)!}$$

$$= 1 - \frac{x^2}{2!} + \frac{x^4}{4!} - \cdots + (-1)^n \frac{x^{2n}}{(2n)!} + \cdots, \quad x \in (-\infty, +\infty);$$

$$\frac{1}{1+x} = 1 - x + x^2 - \cdots + (-1)^n x^n + \cdots, \quad x \in (-1,1);$$

$$\ln(1+x) = x - \frac{x^2}{2} + \frac{x^3}{3} - \cdots + (-1)^{n-1}\frac{x^n}{n} + \cdots, \quad x \in (-1,1];$$

$$(1+x)^\alpha = 1 + \alpha x + \frac{\alpha(\alpha-1)}{2!}x^2 + \cdots + \frac{\alpha(\alpha-1)\cdots(\alpha-n+1)}{n!}x^n + \cdots, \quad x \in (-1,1).$$

例 3 求 $1 - \frac{1}{3} + \frac{1}{5} - \frac{1}{7} + \cdots$.

解 将展开式

$$\frac{1}{1+x^2} = 1 - x^2 + x^4 - x^6 + \cdots + (-1)^n x^{2n} + \cdots, \quad x \in (-1,1)$$

从 0 到 x 逐项积分,得

$$\arctan x = x - \frac{x^3}{3} + \frac{x^5}{5} - \cdots + (-1)^n \frac{x^{2n+1}}{2n+1} + \cdots, \quad x \in [-1,1].$$

上式对 $x = \pm 1$ 也成立,从而有

$$\frac{\pi}{4} = \arctan 1 = 1 - \frac{1}{3} + \frac{1}{5} - \frac{1}{7} + \cdots.$$

例 4 将 $\sin x$ 展开为 $\left(x - \frac{\pi}{4}\right)$ 的幂级数.

解 作变换,令 $t = x - \frac{\pi}{4}$,则 $x = t + \frac{\pi}{4}$,故

$$\sin x = \sin\left(t + \frac{\pi}{4}\right) = \sin\frac{\pi}{4}\cos t + \cos\frac{\pi}{4}\sin t = \frac{\sqrt{2}}{2}(\cos t + \sin t)$$

$$= \frac{\sqrt{2}}{2}\left[\sum_{n=0}^{\infty}(-1)^n\frac{t^{2n}}{(2n)!} + \sum_{n=0}^{\infty}(-1)^n\frac{t^{2n+1}}{(2n+1)!}\right]$$

$$= \frac{\sqrt{2}}{2}\sum_{n=0}^{\infty}(-1)^n\left[\frac{t^{2n}}{(2n)!} + \frac{t^{2n+1}}{(2n+1)!}\right]$$

$$= \frac{\sqrt{2}}{2}\left[1 + \left(x-\frac{\pi}{4}\right) - \frac{\left(x-\frac{\pi}{4}\right)^2}{2!} - \frac{\left(x-\frac{\pi}{4}\right)^3}{3!} + \frac{\left(x-\frac{\pi}{4}\right)^4}{4!} + \frac{\left(x-\frac{\pi}{4}\right)^5}{5!} - \cdots\right],$$

$$x \in (-\infty, +\infty).$$

例 5 求函数 $f(x) = \frac{1}{x^2+x}$ 在点 $x_0 = -2$ 处的泰勒级数.

解 作变换,令 $t = x+2$,则 $x = t-2$,

$$\frac{1}{x^2+x} = \frac{1}{x} - \frac{1}{x+1} = \frac{1}{t-2} - \frac{1}{t-1} = \frac{1}{1-t} - \frac{\frac{1}{2}}{1-\frac{t}{2}}.$$

由于

$$\frac{1}{1-t} = \sum_{n=0}^{\infty} t^n, \quad t \in (-1,1),$$

$$\frac{\frac{1}{2}}{1-\frac{t}{2}} = \sum_{n=0}^{\infty} \frac{1}{2} \left(\frac{t}{2}\right)^n, \quad t \in (-2,2),$$

所以

$$\frac{1}{1-t} - \frac{\frac{1}{2}}{1-\frac{t}{2}} = \sum_{n=0}^{\infty} \frac{2^{n+1}-1}{2^{n+1}} t^n, \quad t \in (-1,1).$$

故

$$\frac{1}{x^2+x} = \sum_{n=0}^{\infty} \frac{2^{n+1}-1}{2^{n+1}} (x+2)^n, \quad x \in (-3,-1).$$

4.2.4 问题的解决:斐波那契数列的通项公式

有了前面的准备工作,可以利用幂级数给出求解斐波那契数列通项的一种办法.

斐波那契数列通项求解:已知 $F_1 = F_2 = 1$,$F_n = F_{n-1} + F_{n-2}$,$n \geqslant 3$,求通项公式 F_n.

解 记 $S(x) = \sum_{n=1}^{\infty} F_n x^n$,$|x| < R$,则

$$S(x) = \sum_{n=1}^{\infty} F_n x^n = x + x^2 + \sum_{n=3}^{\infty} F_n x^n$$

$$= x + x^2 + \sum_{n=3}^{\infty} (F_{n-1} + F_{n-2}) x^n$$

$$= x + x^2 + \sum_{n=3}^{\infty} F_{n-1} x^n + \sum_{n=3}^{\infty} F_{n-2} x^n$$

$$= x + x^2 + x \sum_{n=3}^{\infty} F_{n-1} x^{n-1} + x^2 \sum_{n=3}^{\infty} F_{n-2} x^{n-2}$$

$$= x + x^2 + x \sum_{n=2}^{\infty} F_n x^n + x^2 \sum_{n=1}^{\infty} F_n x^n$$

$$= x + x^2 + x(S(x) - x) + x^2 S(x)$$

$$= x + xS(x) + x^2 S(x).$$

即 $S(x) = x + xS(x) + x^2 S(x)$,解得 $S(x) = \dfrac{x}{1-x-x^2}$.

令

$$S(x) = \frac{x}{(1-ax)(1-bx)} = \frac{1}{(a-b)}\left(\frac{1}{1-ax} - \frac{1}{1-bx}\right),$$

容易得到,其中 $a = \dfrac{1+\sqrt{5}}{2}, b = \dfrac{1-\sqrt{5}}{2}$. 根据函数的幂级数展开式,得到

$$S(x) = \frac{1}{\sqrt{5}}\left(\sum_{n=0}^{\infty} a^n x^n - \sum_{n=0}^{\infty} b^n x^n\right)$$

$$= \sum_{n=0}^{\infty} \frac{a^n - b^n}{\sqrt{5}} x^n = \sum_{n=1}^{\infty} \frac{a^n - b^n}{\sqrt{5}} x^n.$$

又 $S(x) = \sum\limits_{n=1}^{\infty} F_n x^n, |x| < R$,所以

$$F_n = \frac{a^n - b^n}{\sqrt{5}} = \frac{1}{\sqrt{5}}\left[\left(\frac{1+\sqrt{5}}{2}\right)^n - \left(\frac{1-\sqrt{5}}{2}\right)^n\right],$$

这就得到了斐波那契数列的通项公式.

容易求得

F_1	F_2	F_3	F_4	F_5	F_6	F_7	F_8	F_9	F_{10}	F_{11}	F_{12}	F_{13}	$\cdots$
1	1	2	3	5	8	13	21	34	55	89	144	233	$\cdots$

从而得到一年后会有 233 对兔子。

实际上,斐波那契数列通项公式的计算方法有多种,感兴趣的读者可以查找阅读相关资料.

斐波那契数列之所以又称为黄金分割数列,是因为随着数列项数的增加,该数列前一项与后一项之比越来越逼近黄金分割率 $\dfrac{\sqrt{5}-1}{2}$. 斐波那契数列在诸多领域都存在着广泛的应用. 例如在自然界中树木的生长,由于新生的枝条往往需要一段"休息"时间,供自身生长而后才能萌发新枝,所以,一株树苗在一段间隔时间,例如一年,以后长出一条新枝;第二年新枝"休息",老枝依旧萌发;此后,老枝与"休息"一年的枝丫同时萌发,当年生的新枝则次年"休息". 这样,一株树木各个年份的枝丫数,便构成斐波那契数列. 这个规律,就是生物学上著名的"鲁德维格定律". 另外,观察延龄草、野玫瑰、南美血根草、大波斯菊、金凤花、耧斗菜、百合花、蝴蝶花的花瓣,可以发现它们花瓣数目也是斐波那契数. 更多的实例和应用请大家自行查找学习.

习题 4.2

1. 求下列幂级数的收敛半径及收敛区间:

(1) $\sum\limits_{n=1}^{\infty} n!\left(\dfrac{x}{n}\right)^n$;

(2) $\sum\limits_{n=1}^{\infty} \dfrac{1}{3^n + (-2)^n + 3 \cdot 2^n} x^n$;

2. 求下列幂级数的收敛域:

(1) $\sum\limits_{n=1}^{\infty} \dfrac{2^n}{n^2 + 1} x^n$;

(2) $\sum\limits_{n=1}^{\infty} \left(\dfrac{x}{n}\right)^n$;

（3）$\displaystyle\sum_{n=1}^{\infty}\dfrac{(2x+1)^n}{n}$；
（4）$\displaystyle\sum_{n=0}^{\infty}(-1)^n\dfrac{x^{2n+1}}{2n+1}$.

3. 设幂级数 $\displaystyle\sum_{n=0}^{\infty}a_n(x+1)^n$ 在点 $x=3$ 处条件收敛，试确定此幂级数的收敛半径，并阐明理由.

4. 已知

$$\frac{1}{1-x}=1+x+x^2+\cdots+x^n+\cdots,\quad x\in(-1,1),$$

求函数 $\ln(1-x)$ 和 $\dfrac{1}{(1-x)^2}$ 的幂级数表达式.

5. 将下列函数展开为 x 的幂级数：

（1）$\sin^2 x$；
（2）$\sin\left(x+\dfrac{\pi}{4}\right)$；

（3）$\dfrac{x}{\sqrt{1-2x}}$；
（4）$\ln(1+x-2x^2)$.

第 **5** 章

矩阵

    线性代数是代数学的一个分支,历史悠久,早在东汉初年的《九章算术》中已有相关论述.但直到 18 世纪,随着线性方程组和线性变换问题的研究深入,才先后产生了行列式和矩阵的概念,从而推动了线性代数的发展.线性代数以矩阵、行列式、线性方程组为知识主线,它们之间关系密切.本章我们从表述与处理生活、生产问题入手,引入矩阵的概念,并重点介绍矩阵的基本运算.

5.1　生产生活中的数据表述与处理问题

5.1.1　问题的引入:生产生活中的数据表述

    在一次期末考试后,当我们研究某班学生的学习水平时,常用一张成绩表来反映学生的学习水平.表 5.1 是一张模拟的学习成绩表,给出了某些同学 4 门课程的期末考试成绩,而他们的平时成绩则由表 5.2 给出.若期末成绩占总成绩的 60%,平时成绩占总成绩的 40%,那么每位同学各门课程的总成绩各是多少?

表 5.1　期 末 成 绩

	高等数学	线性代数	大学物理	英语
学生 1	85	90	75	88
学生 2	83	81	74	73
学生 3	72	66	65	77

表 5.2　平 时 成 绩

	高等数学	线性代数	大学物理	英语
学生 1	85	85	65	98
学生 2	75	95	70	95
学生 3	80	70	76	92

5.1.2 问题的分析:矩阵的概念

我们可以将表格框架和文字部分省略,仅保留数字部分,把表 5.1 简化成一个 3 行 4 列的矩形数表. 为了表明整体性,常给该数表加一对括号,如下所示,其中第 i 行表示第 i 个学生,第 j 列表示第 j 科成绩:

$$\begin{bmatrix} 85 & 90 & 75 & 88 \\ 83 & 81 & 74 & 73 \\ 72 & 66 & 65 & 77 \end{bmatrix}.$$

同样也可以把表 5.2 简化成一个 3 行 4 列的矩形数表,并给它加一对括号,即

$$\begin{bmatrix} 85 & 85 & 65 & 98 \\ 75 & 95 & 70 & 95 \\ 80 & 70 & 76 & 92 \end{bmatrix},$$

其中第 i 行表示第 i 个学生,第 j 列表示第 j 科成绩.

以上讨论的矩形数表就称为矩阵. 学习线性代数的目的就是学会利用矩阵去解决生活问题或进行科学研究. 下面给出矩阵的概念.

定义 5.1 由 $m \times n$ 个数 $a_{ij}(i=1,2,\cdots,m;j=1,2,\cdots,n)$ 排成的如下 m 行 n 列的数表

$$\begin{bmatrix} a_{11} & a_{12} & \cdots & a_{1n} \\ a_{21} & a_{22} & \cdots & a_{2n} \\ \vdots & \vdots & & \vdots \\ a_{m1} & a_{m2} & \cdots & a_{mn} \end{bmatrix}_{m \times n}$$

称为一个 $m \times n$ **矩阵**,简记为 $[a_{ij}]_{m \times n}$,称 a_{ij} 为此矩阵的第 i 行第 j 列的**元素**. 在本书的讨论中,所涉及的数都是实数. 一般用大写英文字母 A,B,C 等表示矩阵. 有时为了标明矩阵的行数 m 和列数 n,也可用 $A_{m \times n}$ 表示.

前述学生期末成绩用 3×4 矩阵 A、平时成绩用 3×4 矩阵 B 表示如下:

$$A = \begin{bmatrix} 85 & 90 & 75 & 88 \\ 83 & 81 & 74 & 73 \\ 72 & 66 & 65 & 77 \end{bmatrix}_{3 \times 4},$$

$$B = \begin{bmatrix} 85 & 85 & 65 & 98 \\ 75 & 95 & 70 & 95 \\ 80 & 70 & 76 & 92 \end{bmatrix}_{3 \times 4}.$$

定义 5.2(几种特殊的矩阵)

(1) 只有一行的矩阵 $A = [a_1, a_2, \cdots, a_n]$ 称为**行矩阵**,又称为**行向量**;

(2) 只有一列的矩阵

$$B = \begin{bmatrix} b_1 \\ b_2 \\ \vdots \\ b_m \end{bmatrix}$$

称为列矩阵,又称为列向量;

（3）元素都为 0 的 $m \times n$ 矩阵称为**零矩阵**,记为 $\boldsymbol{O}_{m \times n}$,即

$$\boldsymbol{O}_{m \times n} = \begin{bmatrix} 0 & 0 & \cdots & 0 \\ 0 & 0 & \cdots & 0 \\ \vdots & \vdots & & \vdots \\ 0 & 0 & \cdots & 0 \end{bmatrix}_{m \times n};$$

（4）行数和列数相同的矩阵 $\boldsymbol{A}_{n \times n}$ 称为 n 阶矩阵,或称 n 阶方阵,简记为 $\boldsymbol{A}_n$,即

$$\boldsymbol{A}_n = \begin{bmatrix} a_{11} & a_{12} & \cdots & a_{1n} \\ a_{21} & a_{22} & \cdots & a_{2n} \\ \vdots & \vdots & & \vdots \\ a_{n1} & a_{n2} & \cdots & a_{nn} \end{bmatrix}_{n \times n};$$

（5）主对角线之外的元素都为 0 的方阵称为**对角矩阵**,即

$$\begin{bmatrix} a_1 & 0 & \cdots & 0 \\ 0 & a_2 & \cdots & 0 \\ \vdots & \vdots & & \vdots \\ 0 & 0 & \cdots & a_n \end{bmatrix}_{n \times n};$$

（6）主对角线元素都为 1 的对角矩阵称为**单位矩阵**,记为 $\boldsymbol{E}_n$ 或 $\boldsymbol{I}_n$,即

$$\boldsymbol{E}_n = \begin{bmatrix} 1 & 0 & \cdots & 0 \\ 0 & 1 & \cdots & 0 \\ \vdots & \vdots & & \vdots \\ 0 & 0 & \cdots & 1 \end{bmatrix}_{n \times n};$$

（7）主对角线以下的元素都为 0 的方阵称为**上三角形矩阵**,即

$$\begin{bmatrix} a_{11} & a_{12} & \cdots & a_{1n} \\ 0 & a_{22} & \cdots & a_{2n} \\ \vdots & \vdots & & \vdots \\ 0 & 0 & \cdots & a_{nn} \end{bmatrix}_{n \times n};$$

（8）主对角线以上的元素都为 0 的方阵称为**下三角形矩阵**,即

$$\begin{bmatrix} a_{11} & 0 & \cdots & 0 \\ a_{21} & a_{22} & \cdots & 0 \\ \vdots & \vdots & & \vdots \\ a_{n1} & a_{n2} & \cdots & a_{nn} \end{bmatrix}_{n \times n}.$$

5.1.3　问题的解决:矩阵的加减、数乘运算

1. 矩阵的加法和减法

生活中表 5.2 平时成绩数据往往由几部分成绩构成,比如平时成绩由线上学习成绩（表 5.3）、线下作业成绩（表 5.4）两部分加和得到.

表 5.3　线上学习成绩

	高等数学	线性代数	大学物理	英语
学生 1	a_{11}	a_{12}	a_{13}	a_{14}
学生 2	a_{21}	a_{22}	a_{23}	a_{24}
学生 3	a_{31}	a_{32}	a_{33}	a_{34}

表 5.4　线下作业成绩

	高等数学	线性代数	大学物理	英语
学生 1	b_{11}	b_{12}	b_{13}	b_{14}
学生 2	b_{21}	b_{22}	b_{23}	b_{24}
学生 3	b_{31}	b_{32}	b_{33}	b_{34}

上述平时成绩分别表示为矩阵

$$A = \begin{bmatrix} a_{11} & a_{12} & a_{13} & a_{14} \\ a_{21} & a_{22} & a_{23} & a_{24} \\ a_{31} & a_{32} & a_{33} & a_{34} \end{bmatrix}, \quad B = \begin{bmatrix} b_{11} & b_{12} & b_{13} & b_{14} \\ b_{21} & b_{22} & b_{23} & b_{24} \\ b_{31} & b_{32} & b_{33} & b_{34} \end{bmatrix}.$$

将前面表格中相同位置的分数相加,就可以得到该名学生本学期各科目的平时成绩,即表 5.5.

表 5.5　平 时 成 绩

	高等数学	线性代数	大学物理	英语
学生 1	$a_{11}+b_{11}$	$a_{12}+b_{12}$	$a_{13}+b_{13}$	$a_{14}+b_{14}$
学生 2	$a_{21}+b_{21}$	$a_{22}+b_{22}$	$a_{23}+b_{23}$	$a_{24}+b_{24}$
学生 3	$a_{31}+b_{31}$	$a_{32}+b_{32}$	$a_{33}+b_{33}$	$a_{34}+b_{34}$

可以用矩阵表示为

$$\begin{bmatrix} a_{11}+b_{11} & a_{12}+b_{12} & a_{13}+b_{13} & a_{14}+b_{14} \\ a_{21}+b_{21} & a_{22}+b_{22} & a_{23}+b_{23} & a_{24}+b_{24} \\ a_{31}+b_{31} & a_{32}+b_{32} & a_{33}+b_{33} & a_{34}+b_{34} \end{bmatrix}.$$

平时成绩实际上是线上学习成绩、线下作业成绩之和.相应的矩阵就可以看成矩阵 A 和矩阵 B 的对应位置元素的相加.我们定义这种运算为矩阵的加法.类似地,也可以定义矩阵的减法.

定义 5.3　若 $A = \left[a_{ij} \right]_{m \times n}, B = \left[b_{ij} \right]_{m \times n}$ 为两个 $m \times n$ 矩阵,则矩阵

$$A+B = \left[a_{ij}+b_{ij} \right]_{m \times n}, \quad A-B = \left[a_{ij}-b_{ij} \right]_{m \times n}$$

分别称为 A 与 B 的和、差.

定义 5.4　若两个矩阵都是 $m \times n$ 矩阵,则称它们为同型矩阵;若两个同型矩阵

$$A = \left[a_{ij} \right]_{m \times n}, \quad B = \left[b_{ij} \right]_{m \times n}$$

的对应元素相等,即

$$a_{ij} = b_{ij} \quad (i=1,2,\cdots,m; j=1,2,\cdots,n),$$

则称 A 与 B 相等,记为 $A = B$.

注 只有两个同型矩阵才可以相加或相减.

矩阵加减法的基本性质(假设 A,B,C 为 $m \times n$ 矩阵):

(1) $A + B = B + A$(交换律);

(2) $(A+B)+C = A+(B+C)$(结合律);

(3) $A + O_{m \times n} = O_{m \times n} + A = A$;

(4) $A - A = O_{m \times n}$.

2. 数乘矩阵

在表 5.1 中,已知 3 位同学 4 门课程的期末成绩,而他们的平时成绩则由表 5.2 给出.如果期末成绩占总成绩的 60%,平时成绩占总成绩的 40%,那么这 3 位同学的各门课程的总成绩见表 5.6.

表 5.6 学生总成绩

	高等数学	线性代数	大学物理	英语
学生 1	85×60%+85×40%	90×60%+85×40%	75×60%+65×40%	88×60%+98×40%
学生 2	83×60%+75×40%	81×60%+95×40%	74×60%+70×40%	73×60%+95×40%
学生 3	72×60%+80×40%	66×60%+70×40%	65×60%+76×40%	77×60%+92×40%

3 名学生的总成绩可以用矩阵 C 表示如下:

$$C = \begin{bmatrix} 85\times60\%+85\times40\% & 90\times60\%+85\times40\% & 75\times60\%+65\times40\% & 88\times60\%+98\times40\% \\ 83\times60\%+75\times40\% & 81\times60\%+95\times40\% & 74\times60\%+70\times40\% & 73\times60\%+95\times40\% \\ 72\times60\%+80\times40\% & 66\times60\%+70\times40\% & 65\times60\%+76\times40\% & 77\times60\%+92\times40\% \end{bmatrix},$$

由矩阵加法运算法则知,矩阵 C 可以表示成两个矩阵相加:

$$C = \begin{bmatrix} 85\times60\% & 90\times60\% & 75\times60\% & 88\times60\% \\ 83\times60\% & 81\times60\% & 74\times60\% & 73\times60\% \\ 72\times60\% & 66\times60\% & 65\times60\% & 77\times60\% \end{bmatrix} +$$

$$\begin{bmatrix} 85\times40\% & 85\times40\% & 65\times40\% & 98\times40\% \\ 75\times40\% & 95\times40\% & 70\times40\% & 95\times40\% \\ 80\times40\% & 70\times40\% & 76\times40\% & 92\times40\% \end{bmatrix},$$

其中,前一个矩阵每个位置的元素等于矩阵 A 对应位置的元素的 60%,后一个矩阵每个位置的元素等于矩阵 B 对应位置的元素的 40%.这样,我们将矩阵每一位置都乘数 k 定义为矩阵与数 k 的乘积,即有如下定义:

定义 5.5 若 k 为一个数,$A = [a_{ij}]_{m \times n}$,则矩阵

$$kA = [ka_{ij}]_{m \times n}$$

称为 k 与 A 的**数量乘积**,即数乘矩阵相当于用数 k 乘矩阵的每一个元素;约定 $-A = (-1)A$.

可以看出,前述学生总成绩可以用矩阵 $C = 60\% A + 40\% B$ 表示.

数乘矩阵的基本性质(A,B 为矩阵,k,l 为数):

（1）$(kl)\boldsymbol{A} = k(l\boldsymbol{A})$；

（2）$(k+l)\boldsymbol{A} = k\boldsymbol{A}+l\boldsymbol{A}$；

（3）$k(\boldsymbol{A}+\boldsymbol{B}) = k\boldsymbol{A}+k\boldsymbol{B}$.

5.1.4 问题的拓展：矩阵乘法、方幂运算

1. 矩阵乘法

某公司生产三种产品 A，B，C，各类产品在生产过程中每件所需的成本估计以及各季度的产量由表 5.7 和表 5.8 分别给出，那么所有产品各个季度的总成本、全年原材料及劳动力的总成本如何给出？

表 5.7　每件所需的成本估计

	产品 A	产品 B	产品 C
原材料	0.5	0.8	0.7
劳动力	0.8	1.05	0.9

表 5.8　各季度的产量

	春	夏	秋	冬
产品 A	9 000	10 500	11 000	8 500
产品 B	6 500	6 000	5 500	7 000
产品 C	8 500	9 500	9 000	8 500

将表格框架和文字部分省略，仅保留数字部分，则各类产品在生产过程中每件所需的成本估计以及各季度的产量由矩阵 $\boldsymbol{A}$ 和 $\boldsymbol{B}$ 分别给出，

$$\boldsymbol{A} = \begin{bmatrix} 0.5 & 0.8 & 0.7 \\ 0.8 & 1.05 & 0.9 \end{bmatrix}_{2\times3}, \quad \boldsymbol{B} = \begin{bmatrix} 9\,000 & 10\,500 & 11\,000 & 8\,500 \\ 6\,500 & 6\,000 & 5\,500 & 7\,000 \\ 8\,500 & 9\,500 & 9\,000 & 8\,500 \end{bmatrix}_{3\times4}.$$

以春季为例，三种产品所需原材料为

$$0.5\times9\,000+0.8\times6\,500+0.7\times8\,500 = 15\,650,$$

即为矩阵 $\boldsymbol{A}$ 的第 1 行与矩阵 $\boldsymbol{B}$ 的第 1 列对应位置元素相乘再相加；所需劳动力为

$$0.8\times9\,000+1.05\times6\,500+0.9\times8\,500 = 21\,675,$$

即矩阵 $\boldsymbol{A}$ 的第 2 行与矩阵 $\boldsymbol{B}$ 的第 1 列对应位置元素相乘再相加. 以此类推可以得到其他季度三种产品所需原材料及劳动力数量. 用表 5.9 描述全年原材料及劳动力的总成本.

表 5.9　全年原材料及劳动力的总成本

	春	夏	秋	冬
原材料	15 650	16 700	16 200	15 800
劳动力	21 675	23 250	22 675	21 800

也可以表示成矩阵形式

$$C = \begin{bmatrix} 15\ 650 & 16\ 700 & 16\ 200 & 15\ 800 \\ 21\ 675 & 23\ 250 & 22\ 675 & 21\ 800 \end{bmatrix}_{2\times4},$$

其中矩阵 C 的 (i,j) 位置元素由矩阵 A 的第 i 行元素与矩阵 B 的第 j 列元素相乘后相加得到. 如元素 c_{11} 就是上述三种产品春季所需原材料成本,为

$$0.5\times9\ 000+0.8\times6\ 500+0.7\times8\ 500,$$

元素 c_{21} 就是三种产品春季所需劳动力成本,为

$$0.8\times9\ 000+1.05\times6\ 500+0.9\times8\ 500.$$

这样,根据上述两个矩阵对应位置元素的运算思路,来定义矩阵的乘法运算.

定义 5.6 若矩阵 $A=[a_{ij}]_{m\times n}$,$B=[b_{ij}]_{n\times s}$,则 A 可以左乘 B,其乘积矩阵 AB 是一个 $m\times s$ 矩阵 C. C 的第 i 行第 j 列的元素 c_{ij} 是 A 的第 i 行元素 $a_{i1},a_{i2},\cdots,a_{in}$ 与 B 的第 j 列元素 $b_{1j},b_{2j},\cdots,b_{nj}$ 对应乘积的和:

$$\begin{bmatrix} & \vdots & \\ \cdots & c_{ij} & \cdots \\ & \vdots & \end{bmatrix} = \begin{bmatrix} \vdots & \vdots & & \vdots \\ a_{i1} & a_{i2} & \cdots & a_{in} \\ \vdots & \vdots & & \vdots \end{bmatrix} \begin{bmatrix} \cdots & b_{1j} & \cdots \\ \cdots & b_{2j} & \cdots \\ & \vdots & \\ \cdots & b_{nj} & \cdots \end{bmatrix},$$

即

$$c_{ij}=a_{i1}b_{1j}+a_{i2}b_{2j}+\cdots+a_{in}b_{nj} \quad (i=1,2,\cdots,m,j=1,2,\cdots,s).$$

例如,前述问题中全年原材料及劳动力的总成本就可以用矩阵 A 左乘矩阵 B 得到.

注 不是任何两个矩阵都可以相乘,即矩阵 A 左乘矩阵 B 时,A 的列数必须与 B 的行数相同.

例 1 设

$$A=[2,1,0], \quad B=\begin{bmatrix} 1 \\ -2 \\ 3 \end{bmatrix},$$

计算 AB 和 BA.

解 由矩阵乘法定义,

$$AB=[2,1,0]\begin{bmatrix} 1 \\ -2 \\ 3 \end{bmatrix}=[2\times1+1\times(-2)+0\times3]=0,$$

$$BA=\begin{bmatrix} 1 \\ -2 \\ 3 \end{bmatrix}[2,1,0]=\begin{bmatrix} 2 & 1 & 0 \\ -4 & -2 & 0 \\ 6 & 3 & 0 \end{bmatrix}.$$

注 以后我们不再区分 1×1 矩阵 $[a]$ 与数 a.

例 2 设

$$A=\begin{bmatrix} 1 & -1 & 2 \\ 3 & 4 & 5 \end{bmatrix}, \quad B=\begin{bmatrix} 2 & -1 \\ 0 & 2 \\ 2 & 4 \end{bmatrix},$$

计算 AB 和 BA.

解

$$AB = \begin{bmatrix} 1 & -1 & 2 \\ 3 & 4 & 5 \end{bmatrix} \begin{bmatrix} 2 & -1 \\ 0 & 2 \\ 2 & 4 \end{bmatrix} = \begin{bmatrix} 6 & 5 \\ 16 & 25 \end{bmatrix},$$

$$BA = \begin{bmatrix} 2 & -1 \\ 0 & 2 \\ 2 & 4 \end{bmatrix} \begin{bmatrix} 1 & -1 & 2 \\ 3 & 4 & 5 \end{bmatrix} = \begin{bmatrix} -1 & -6 & -1 \\ 6 & 8 & 10 \\ 14 & 14 & 24 \end{bmatrix}.$$

注　矩阵的乘法一般不满足交换律,即 $AB = BA$ 不总成立,即使 A,B 为同阶方阵.

例 3　设 $A = [a_{ij}]_{3\times4}$,计算 E_3A 和 AE_4.

解

$$E_3 A_{3\times4} = \begin{bmatrix} 1 & 0 & 0 \\ 0 & 1 & 0 \\ 0 & 0 & 1 \end{bmatrix} \begin{bmatrix} a_{11} & a_{12} & a_{13} & a_{14} \\ a_{21} & a_{22} & a_{23} & a_{24} \\ a_{31} & a_{32} & a_{33} & a_{34} \end{bmatrix} = \begin{bmatrix} a_{11} & a_{12} & a_{13} & a_{14} \\ a_{21} & a_{22} & a_{23} & a_{24} \\ a_{31} & a_{32} & a_{33} & a_{34} \end{bmatrix} = A_{3\times4},$$

$$A_{3\times4} E_4 = \begin{bmatrix} a_{11} & a_{12} & a_{13} & a_{14} \\ a_{21} & a_{22} & a_{23} & a_{24} \\ a_{31} & a_{32} & a_{33} & a_{34} \end{bmatrix} \begin{bmatrix} 1 & 0 & 0 & 0 \\ 0 & 1 & 0 & 0 \\ 0 & 0 & 1 & 0 \\ 0 & 0 & 0 & 1 \end{bmatrix} = \begin{bmatrix} a_{11} & a_{12} & a_{13} & a_{14} \\ a_{21} & a_{22} & a_{23} & a_{24} \\ a_{31} & a_{32} & a_{33} & a_{34} \end{bmatrix} = A_{3\times4}.$$

例 4　设 $A = [a_{ij}]_{3\times4}$,计算 $O_{2\times3}A$ 和 $AO_{4\times2}$.

解

$$O_{2\times3} A_{3\times4} = \begin{bmatrix} 0 & 0 & 0 \\ 0 & 0 & 0 \end{bmatrix} \begin{bmatrix} a_{11} & a_{12} & a_{13} & a_{14} \\ a_{21} & a_{22} & a_{23} & a_{24} \\ a_{31} & a_{32} & a_{33} & a_{34} \end{bmatrix} = O_{2\times4},$$

$$A_{3\times4} O_{4\times2} = \begin{bmatrix} a_{11} & a_{12} & a_{13} & a_{14} \\ a_{21} & a_{22} & a_{23} & a_{24} \\ a_{31} & a_{32} & a_{33} & a_{34} \end{bmatrix} \begin{bmatrix} 0 & 0 \\ 0 & 0 \\ 0 & 0 \\ 0 & 0 \end{bmatrix} = O_{3\times2}.$$

注　零矩阵和单位矩阵在矩阵的乘法运算中类似于数的乘法运算中的 0 和 1.

例 5　设

$$A = \begin{bmatrix} 0 & 1 \\ 0 & 0 \end{bmatrix}, \quad B = \begin{bmatrix} 1 & 0 \\ 0 & 0 \end{bmatrix},$$

计算 AB,BA,AA 和 BB.

解

$$AB = \begin{bmatrix} 0 & 1 \\ 0 & 0 \end{bmatrix} \begin{bmatrix} 1 & 0 \\ 0 & 0 \end{bmatrix} = \begin{bmatrix} 0 & 0 \\ 0 & 0 \end{bmatrix} = O,$$

$$BA = \begin{bmatrix} 1 & 0 \\ 0 & 0 \end{bmatrix} \begin{bmatrix} 0 & 1 \\ 0 & 0 \end{bmatrix} = \begin{bmatrix} 0 & 1 \\ 0 & 0 \end{bmatrix} = A \neq O,$$

$$AA = \begin{bmatrix} 0 & 1 \\ 0 & 0 \end{bmatrix} \begin{bmatrix} 0 & 1 \\ 0 & 0 \end{bmatrix} = \begin{bmatrix} 0 & 0 \\ 0 & 0 \end{bmatrix} = O,$$

$$BB = \begin{bmatrix} 1 & 0 \\ 0 & 0 \end{bmatrix} \begin{bmatrix} 1 & 0 \\ 0 & 0 \end{bmatrix} = \begin{bmatrix} 1 & 0 \\ 0 & 0 \end{bmatrix} = B.$$

可以看出,

(1) 由 $AB = O$ 推不出 $A = O$ 或 $B = O$, 即当 $A \neq O, B \neq O$ 时, 可能有 $AB = O$;

(2) 由 $AB = AC$ 推不出 $B = C$, 即使 $A \neq O$.

矩阵乘法运算的基本性质(假设运算可行):

(1) $(AB)C = A(BC)$(结合律);

(2) $A(B+C) = AB + AC, (B+C)A = BA + CA$(分配律);

(3) $(kA)B = A(kB) = k(AB)$(k 为常数);

(4) $EA = AE = A$;

(5) $OA = O, AO = O$;

(6) $AB + kA = A(B + kE), BA + kA = (B + kE)A$($k$ 为常数).

2. 方阵的幂

某市下辖五区两县,现有农村人口 176 万,城市人口 83 万. 每年有 12% 的农村居民移居市区,有 7% 的城市居民移居农村. 假设该市区总人口数不变,且上述人口迁移规律也不变,问该市一年后农村人口和城市人口各是多少? 两年后呢?

设 n 年后农村人口和城市人口(单位:万)分别为 x_n 和 y_n, 已知 $x_0 = 176$ 万, $y_0 = 83$ 万, 可得

$$\begin{cases} x_1 = 0.88x_0 + 0.07y_0, \\ y_1 = 0.12x_0 + 0.93y_0. \end{cases}$$

上式可写成矩阵形式

$$\begin{bmatrix} x_1 \\ y_1 \end{bmatrix} = \begin{bmatrix} 0.88 & 0.07 \\ 0.12 & 0.93 \end{bmatrix} \begin{bmatrix} x_0 \\ y_0 \end{bmatrix},$$

其中矩阵 $M = \begin{bmatrix} 0.88 & 0.07 \\ 0.12 & 0.93 \end{bmatrix}$ 称为**迁移矩阵**(又称**转移矩阵**). 因此

$$\begin{bmatrix} x_1 \\ y_1 \end{bmatrix} = \begin{bmatrix} 0.88 & 0.07 \\ 0.12 & 0.93 \end{bmatrix} \begin{bmatrix} 176 \\ 83 \end{bmatrix} = \begin{bmatrix} 160.69 \\ 98.31 \end{bmatrix},$$

即一年后农村人口 160.69 万人,城市人口 98.31 万人.

不难得出

$$\begin{cases} x_{n+1} = 0.88x_n + 0.07y_n, \\ y_{n+1} = 0.12x_n + 0.93y_n, \end{cases}$$

即

$$\begin{bmatrix} x_{n+1} \\ y_{n+1} \end{bmatrix} = \begin{bmatrix} 0.88 & 0.07 \\ 0.12 & 0.93 \end{bmatrix} \begin{bmatrix} x_n \\ y_n \end{bmatrix} = M \begin{bmatrix} x_n \\ y_n \end{bmatrix}.$$

从而

$$\begin{bmatrix} x_2 \\ y_2 \end{bmatrix} = M \begin{bmatrix} x_1 \\ y_1 \end{bmatrix} = MM \begin{bmatrix} x_0 \\ y_0 \end{bmatrix},$$

$$MM = \begin{bmatrix} 0.88 & 0.07 \\ 0.12 & 0.93 \end{bmatrix} \begin{bmatrix} 0.88 & 0.07 \\ 0.12 & 0.93 \end{bmatrix} = \begin{bmatrix} 0.782\ 8 & 0.126\ 7 \\ 0.217\ 2 & 0.873\ 3 \end{bmatrix},$$

所以

$$\begin{bmatrix} x_2 \\ y_2 \end{bmatrix} = \begin{bmatrix} 0.782\ 8 & 0.126\ 7 \\ 0.217\ 2 & 0.873\ 3 \end{bmatrix} \begin{bmatrix} 176 \\ 83 \end{bmatrix} = \begin{bmatrix} 148.288\ 9 \\ 110.711\ 1 \end{bmatrix},$$

即两年后农村人口 148.288 9 万人,城市人口 110.711 1 万人.

一般地,n 年后该市的农村人口和城市人口可以表示为

$$\begin{bmatrix} x_{n+1} \\ y_{n+1} \end{bmatrix} = (MM \cdots M) \begin{bmatrix} x_0 \\ y_0 \end{bmatrix},$$

这里用到了 n 个矩阵 M 的乘积,下面定义方阵的幂.

定义 5.7　若 A 为方阵,我们用 A^n 表示 n 个 A 的连续乘积,称其为 A 的 n 次幂. 由于矩阵的乘法满足结合律,此约定是明确的. 为了方便,我们约定 $A^0 = E$.

方阵幂运算的基本性质(假设运算可行):对于方阵 A 及任意自然数 m,n,

(1) $A^m A^n = A^{m+n}$;

(2) $(A^m)^n = A^{mn}$.

例 6　设

$$A = \begin{bmatrix} 1 & 1 \\ 1 & 1 \end{bmatrix},$$

则

$$A^2 = \begin{bmatrix} 1 & 1 \\ 1 & 1 \end{bmatrix} \begin{bmatrix} 1 & 1 \\ 1 & 1 \end{bmatrix} = \begin{bmatrix} 2 & 2 \\ 2 & 2 \end{bmatrix},$$

$$A^3 = \begin{bmatrix} 2 & 2 \\ 2 & 2 \end{bmatrix} \begin{bmatrix} 1 & 1 \\ 1 & 1 \end{bmatrix} = \begin{bmatrix} 4 & 4 \\ 4 & 4 \end{bmatrix}.$$

容易用数学归纳法证明,对于任意的正整数 k,有

$$A^k = \begin{bmatrix} 2^{k-1} & 2^{k-1} \\ 2^{k-1} & 2^{k-1} \end{bmatrix}.$$

因为矩阵乘法不满足交换律,所以 $(AB)^k$ 与 $A^k B^k$ 也不一定相等,实际上,

$$(AB)^k = (AB)(AB) \cdots (AB) = A(BA)(B \cdots A)(BA)B = A(BA)^{k-1}B.$$

例 7　设

$$\boldsymbol{\alpha} = \begin{bmatrix} 1 \\ 2 \\ 3 \end{bmatrix}, \quad \boldsymbol{\beta} = [1, 2, 3],$$

则

$$\boldsymbol{\alpha\beta} = \begin{bmatrix} 1 \\ 2 \\ 3 \end{bmatrix} [1, 2, 3] = \begin{bmatrix} 1 & 2 & 3 \\ 2 & 4 & 6 \\ 3 & 6 & 9 \end{bmatrix},$$

$$\boldsymbol{\beta\alpha} = \begin{bmatrix} 1,2,3 \end{bmatrix} \begin{bmatrix} 1 \\ 2 \\ 3 \end{bmatrix} = 1+4+9 = 14.$$

所以

$$(\boldsymbol{\alpha\beta})^k = \begin{bmatrix} 1 \\ 2 \\ 3 \end{bmatrix} \left(\begin{bmatrix} 1,2,3 \end{bmatrix} \begin{bmatrix} 1 \\ 2 \\ 3 \end{bmatrix} \right) \left(\begin{bmatrix} 1,2,3 \end{bmatrix} \begin{bmatrix} 1 \\ 2 \\ 3 \end{bmatrix} \right) \cdots \left(\begin{bmatrix} 1,2,3 \end{bmatrix} \begin{bmatrix} 1 \\ 2 \\ 3 \end{bmatrix} \right) \begin{bmatrix} 1,2,3 \end{bmatrix}$$

$$= \boldsymbol{\alpha}(\boldsymbol{\beta\alpha})^{k-1}\boldsymbol{\beta} = 14^{k-1}\boldsymbol{\alpha\beta} = 14^{k-1} \begin{bmatrix} 1 & 2 & 3 \\ 2 & 4 & 6 \\ 3 & 6 & 9 \end{bmatrix}.$$

习题 5.1

1. 计算下列各式：

（1） $\begin{bmatrix} 1 & 3 \\ -2 & 0 \end{bmatrix} + \begin{bmatrix} 2 & -3 \\ 1 & 1 \end{bmatrix}$ ；

（2） $\begin{bmatrix} 4 \\ 3 \\ 2 \end{bmatrix} \begin{bmatrix} 2,3,4 \end{bmatrix}$ ；

（3） $\begin{bmatrix} 1,2,3 \end{bmatrix} \begin{bmatrix} 3 \\ 2 \\ 1 \end{bmatrix}$ ；

（4） $\begin{bmatrix} x_1,x_2 \end{bmatrix} \begin{bmatrix} a_{11} & a_{12} \\ a_{21} & a_{22} \end{bmatrix} \begin{bmatrix} x_1 \\ x_2 \end{bmatrix}$.

2. 设

$$A = \begin{bmatrix} 0 & 1 & 0 & 0 \\ 0 & 0 & 1 & 0 \\ 0 & 0 & 0 & 1 \\ 0 & 0 & 0 & 0 \end{bmatrix},$$

求 A^2, A^3, A^4 .

3. 设

$$A = \begin{bmatrix} 1 & 2 \\ 1 & 3 \end{bmatrix}, \quad B = \begin{bmatrix} 1 & 0 \\ 1 & 2 \end{bmatrix},$$

验证：

（1） $(A+B)^2 \neq A^2 + 2AB + B^2$ ；

（2） $(A+B)(A-B) \neq A^2 - B^2$.

5.2 信息编码问题

5.2.1 问题的引入：方程组的求解

当 $a \neq 0$ 时，方程 $ax = b$ 的解为 $x = a^{-1}b$. 我们用同样的方法来解方程组

$$\begin{cases} 3x+4y=1, \\ 5x+7y=2. \end{cases}$$

首先,将方程组改写成矩阵形式

$$\begin{bmatrix} 3 & 4 \\ 5 & 7 \end{bmatrix} \begin{bmatrix} x \\ y \end{bmatrix} = \begin{bmatrix} 1 \\ 2 \end{bmatrix}.$$

由于

$$\begin{bmatrix} 7 & -4 \\ -5 & 3 \end{bmatrix} \begin{bmatrix} 3 & 4 \\ 5 & 7 \end{bmatrix} = \begin{bmatrix} 1 & 0 \\ 0 & 1 \end{bmatrix},$$

故在上述矩阵形式的方程组的两边左乘 $\begin{bmatrix} 7 & -4 \\ -5 & 3 \end{bmatrix}$ 得到

$$\begin{bmatrix} x \\ y \end{bmatrix} = \begin{bmatrix} 7 & -4 \\ -5 & 3 \end{bmatrix} \begin{bmatrix} 3 & 4 \\ 5 & 7 \end{bmatrix} \begin{bmatrix} x \\ y \end{bmatrix} = \begin{bmatrix} 7 & -4 \\ -5 & 3 \end{bmatrix} \begin{bmatrix} 1 \\ 2 \end{bmatrix} = \begin{bmatrix} -1 \\ 1 \end{bmatrix}.$$

5.2.2 问题的分析:逆矩阵的概念

此类问题可以一般化,由矩阵乘法知,方程组

$$\begin{cases} a_{11}x_1 + a_{12}x_2 + \cdots + a_{1n}x_n = b_1, \\ a_{21}x_1 + a_{22}x_2 + \cdots + a_{2n}x_n = b_2, \\ \qquad\cdots\cdots\cdots\cdots \\ a_{m1}x_1 + a_{m2}x_2 + \cdots + a_{mn}x_n = b_m \end{cases}$$

可写成矩阵形式

$$\begin{bmatrix} a_{11} & a_{12} & \cdots & a_{1n} \\ a_{21} & a_{22} & \cdots & a_{2n} \\ \vdots & \vdots & & \vdots \\ a_{m1} & a_{m2} & \cdots & a_{mn} \end{bmatrix} \begin{bmatrix} x_1 \\ x_2 \\ \vdots \\ x_n \end{bmatrix} = \begin{bmatrix} b_1 \\ b_2 \\ \vdots \\ b_m \end{bmatrix}.$$

当 $m=n$ 时,系数矩阵 $\boldsymbol{A}$ 为方阵. 若对此方阵 $\boldsymbol{A}$,能找到方阵 $\boldsymbol{B}$ 满足

$$\boldsymbol{B}\boldsymbol{A} = \boldsymbol{E}_n,$$

则我们可以同样得到方程组的解为

$$\begin{bmatrix} x_1 \\ x_2 \\ \vdots \\ x_n \end{bmatrix} = \boldsymbol{B} \begin{bmatrix} b_1 \\ b_2 \\ \vdots \\ b_n \end{bmatrix}.$$

本节中,我们将回答两个问题:

(1)方阵 $\boldsymbol{A}$ 满足什么条件时,存在上述方阵 $\boldsymbol{B}$ 满足 $\boldsymbol{B}\boldsymbol{A} = \boldsymbol{E}$?

(2)在方阵 $\boldsymbol{A}$ 满足这个条件时,如何求对应的方阵 $\boldsymbol{B}$?

定义 5.8 对于 n 阶方阵 $\boldsymbol{A}$,若存在 n 阶方阵 $\boldsymbol{B}$ 满足

$$\boldsymbol{A}\boldsymbol{B} = \boldsymbol{B}\boldsymbol{A} = \boldsymbol{E},$$

则称 $\boldsymbol{A}$ **可逆**,并将矩阵 $\boldsymbol{B}$ 称为 $\boldsymbol{A}$ 的**逆矩阵**,并记作 $\boldsymbol{A}^{-1}$.

由矩阵的乘法法则可知,显然只有方阵才能有逆矩阵. 当然,并非所有方阵都有逆矩阵. 此外,如果矩阵 $\boldsymbol{B}$ 和 $\boldsymbol{C}$ 都是矩阵 $\boldsymbol{A}$ 的逆矩阵,则有 $\boldsymbol{B}\boldsymbol{A} = \boldsymbol{A}\boldsymbol{C} = \boldsymbol{E}$,从而有

$$B = BE = B(AC) = (BA)C = C.$$

也就是说,如果一个矩阵可逆,则其逆矩阵是唯一的.

例 1 设

$$A = \begin{bmatrix} 2 & 5 \\ 1 & 3 \end{bmatrix}, \quad B = \begin{bmatrix} 3 & -5 \\ -1 & 2 \end{bmatrix},$$

因为

$$\begin{bmatrix} 2 & 5 \\ 1 & 3 \end{bmatrix} \begin{bmatrix} 3 & -5 \\ -1 & 2 \end{bmatrix} = \begin{bmatrix} 1 & 0 \\ 0 & 1 \end{bmatrix} = \begin{bmatrix} 3 & -5 \\ -1 & 2 \end{bmatrix} \begin{bmatrix} 2 & 5 \\ 1 & 3 \end{bmatrix},$$

所以 $A^{-1} = B = \begin{bmatrix} 3 & -5 \\ -1 & 2 \end{bmatrix}$.

逆矩阵运算的基本性质:

（1）$(A^{-1})^{-1} = A$；

（2）$(AB)^{-1} = B^{-1}A^{-1}$（A,B 同阶可逆）.

5.2.3 问题的解决:用行初等变换求逆矩阵

定义 5.9 对矩阵进行下列三种变换称为矩阵的行初等变换:

（1）交换矩阵中两行的位置;

（2）用一个非零常数乘矩阵的某一行的所有元素;

（3）将矩阵某一行的所有元素乘某一常数,再对应地加到另一行上.

上面的变换如果是对矩阵的列进行,则称为矩阵的列初等变换. 矩阵的行初等变换和矩阵的列初等变换称为**矩阵的初等变换**.

例 2 设

$$A = \begin{bmatrix} 1 & 0 & 2 \\ 3 & -1 & 4 \end{bmatrix},$$

交换矩阵 A 的第一行和第二行,得

$$\begin{bmatrix} 1 & 0 & 2 \\ 3 & -1 & 4 \end{bmatrix} \rightarrow \begin{bmatrix} 3 & -1 & 4 \\ 1 & 0 & 2 \end{bmatrix};$$

将 A 的第一行元素的 -3 倍加到第二行,得

$$\begin{bmatrix} 1 & 0 & 2 \\ 3 & -1 & 4 \end{bmatrix} \rightarrow \begin{bmatrix} 1 & 0 & 2 \\ 0 & -1 & -2 \end{bmatrix}.$$

定理 5.1 设 A 为 n 阶方阵. 若

$$[A \mid E]_{n \times 2n} \xrightarrow{\text{行初等变换}} [E \mid B]_{n \times 2n},$$

则 A 可逆,且 $B = A^{-1}$.

例 3 用初等变换求方阵 A 的逆矩阵:

$$A = \begin{bmatrix} 0 & 1 & 2 \\ 1 & 1 & 4 \\ 2 & -1 & 0 \end{bmatrix}.$$

解　由于

$$[A \mid E] = \begin{bmatrix} 0 & 1 & 2 & 1 & 0 & 0 \\ 1 & 1 & 4 & 0 & 1 & 0 \\ 2 & -1 & 0 & 0 & 0 & 1 \end{bmatrix} \xrightarrow{\text{行初等变换}} \begin{bmatrix} 1 & 1 & 4 & 0 & 1 & 0 \\ 0 & 1 & 2 & 1 & 0 & 0 \\ 2 & -1 & 0 & 0 & 0 & 1 \end{bmatrix}$$

$$\xrightarrow{\text{行初等变换}} \begin{bmatrix} 1 & 1 & 4 & 0 & 1 & 0 \\ 0 & 1 & 2 & 1 & 0 & 0 \\ 0 & 0 & -2 & 3 & -2 & 1 \end{bmatrix} \xrightarrow{\text{行初等变换}} \begin{bmatrix} 1 & 1 & 4 & 0 & 1 & 0 \\ 0 & 1 & 0 & 4 & -2 & 1 \\ 0 & 0 & -2 & 3 & -2 & 1 \end{bmatrix}$$

$$\xrightarrow{\text{行初等变换}} \begin{bmatrix} 1 & 1 & 0 & 6 & -3 & 2 \\ 0 & 1 & 0 & 4 & -2 & 1 \\ 0 & 0 & -2 & 3 & -2 & 1 \end{bmatrix} \xrightarrow{\text{行初等变换}} \begin{bmatrix} 1 & 0 & 0 & 2 & -1 & 1 \\ 0 & 1 & 0 & 4 & -2 & 1 \\ 0 & 0 & -2 & 3 & -2 & 1 \end{bmatrix}$$

$$\xrightarrow{\text{行初等变换}} \begin{bmatrix} 1 & 0 & 0 & 2 & -1 & 1 \\ 0 & 1 & 0 & 4 & -2 & 1 \\ 0 & 0 & 1 & -3/2 & 1 & -1/2 \end{bmatrix},$$

故

$$A^{-1} = \begin{bmatrix} 2 & -1 & 1 \\ 4 & -2 & 1 \\ -3/2 & 1 & -1/2 \end{bmatrix}.$$

5.2.4　问题的拓展：信息编码

通常一个简单的信息编码的方法是将每一个字母与一个整数相对应,然后传输一串整数.假设 26 个英文字母和空格与整数的对应情况如表 5.10 所示.

表 5.10　字符与整数对应表

字符	A	B	C	D	E	F	G	H	I
整数	1	2	3	4	5	6	7	8	9
字符	J	K	L	M	N	O	P	Q	R
整数	10	11	12	13	14	15	16	17	18
字符	S	T	U	V	W	X	Y	Z	空格
整数	19	20	21	22	23	24	25	26	0

信息"GOODLUCKY"可以编码为 7,15,15,4,12,21,3,11,25. 但是,这种编码很容易被破译.

我们可以用矩阵乘法对信息进行加密. 设矩阵 A 的所有元素为整数,且其逆矩阵的所有元素也为整数,用这个矩阵的信息进行变换,变换后的信息将很难被破译. 为说明这个加密技术,令

$$A = \begin{bmatrix} 1 & 2 & 3 \\ 1 & 1 & 2 \\ 0 & 1 & 2 \end{bmatrix},$$

将要发出的信息写成一个矩阵

$$B = \begin{bmatrix} 7 & 15 & 15 \\ 4 & 12 & 21 \\ 3 & 11 & 25 \end{bmatrix},$$

将该信息矩阵经左乘 A 变成"密文"后发出编码信息

$$AB = \begin{bmatrix} 1 & 2 & 3 \\ 1 & 1 & 2 \\ 0 & 1 & 2 \end{bmatrix} \begin{bmatrix} 7 & 15 & 15 \\ 4 & 12 & 21 \\ 3 & 11 & 25 \end{bmatrix} = \begin{bmatrix} 24 & 72 & 132 \\ 17 & 49 & 86 \\ 10 & 34 & 71 \end{bmatrix}.$$

在收到信息:24,72,132,17,49,86,10,34,71 后,可予以解码(当然这里选定的矩阵 A 是事先约定好的,这个可逆矩阵 A 称为解密的钥匙或者"秘钥"),即用 A 的逆矩阵进行解密. 因为

$$A^{-1} = \begin{bmatrix} 0 & 1 & -1 \\ 2 & -2 & -1 \\ -1 & 1 & 1 \end{bmatrix},$$

从密文中恢复明文:

$$A^{-1} \begin{bmatrix} 24 & 72 & 132 \\ 17 & 49 & 86 \\ 10 & 34 & 71 \end{bmatrix} = \begin{bmatrix} 0 & 1 & -1 \\ 2 & -2 & -1 \\ -1 & 1 & 1 \end{bmatrix} \begin{bmatrix} 24 & 72 & 132 \\ 17 & 49 & 86 \\ 10 & 34 & 71 \end{bmatrix} = \begin{bmatrix} 7 & 15 & 15 \\ 4 & 12 & 21 \\ 3 & 11 & 25 \end{bmatrix},$$

得到信息的编码是:7,15,15,4,12,21,3,11,25. 再通过查询表 5.10 即可得到信息"GOOD-LUCKY".

习题 5.2

1. 用合适的方法求下列矩阵的逆矩阵:

(1) $\begin{bmatrix} 1 & 2 \\ 2 & 5 \end{bmatrix}$;

(2) $\begin{bmatrix} 1 & 2 & -1 \\ 3 & 4 & -2 \\ 5 & -4 & 1 \end{bmatrix}$;

(3) $\begin{bmatrix} 1 & 2 & -3 \\ 0 & 1 & 2 \\ 0 & 0 & 1 \end{bmatrix}$.

2. 设

$$A = \begin{bmatrix} 4 & 2 & 3 \\ 1 & 1 & 0 \\ -1 & 2 & 3 \end{bmatrix}, \quad AB = A + 2B,$$

求 B.

3. 设

$$P^{-1}AP = B, \quad P = \begin{bmatrix} -1 & -1 \\ 0 & 1 \end{bmatrix}, \quad B = \begin{bmatrix} -1 & 0 \\ 0 & 2 \end{bmatrix},$$

求 A^{11}.

第 **6** 章

线性方程组

线性代数起源于解线性方程组,很多实际问题最终都可以归结为线性方程组的求解,而线性方程组的求解又要用到矩阵、行列式等内容.本章首先利用克拉默(Cramer)法则来讨论含 n 个未知数 n 个方程的线性方程组,然后讨论一般线性方程组的经典解法——高斯(Gauss)消元法,最后利用矩阵的初等变换来求解一般线性方程组.

6.1 解二元线性方程组问题

6.1.1 问题的引入:解二元线性方程组

在初等数学中,我们利用加减消元法求解含有两个未知元的线性方程组:

$$\begin{cases} a_{11}x_1 + a_{12}x_2 = b_1, & (1) \\ a_{21}x_1 + a_{22}x_2 = b_2. & (2) \end{cases}$$

由 $a_{22} \times (1) - a_{12} \times (2)$ 得到

$$(a_{11}a_{22} - a_{12}a_{21})x_1 = b_1a_{22} - a_{12}b_2,$$

由 $a_{11} \times (2) - a_{21} \times (1)$ 得到

$$(a_{11}a_{22} - a_{12}a_{21})x_2 = a_{11}b_2 - b_1a_{21}.$$

若 $a_{11}a_{22} - a_{12}a_{21} \neq 0$,则得到

$$x_1 = \frac{b_1a_{22} - a_{12}b_2}{a_{11}a_{22} - a_{12}a_{21}},$$

$$x_2 = \frac{a_{11}b_2 - b_1a_{21}}{a_{11}a_{22} - a_{12}a_{21}}.$$

6.1.2 问题的分析:二阶行列式的定义

为了便于记忆上述解的公式,我们引入记号

$$\begin{vmatrix} a_{11} & a_{12} \\ a_{21} & a_{22} \end{vmatrix}$$

表示代数和 $a_{11}a_{22}-a_{12}a_{21}$, 即

$$\begin{vmatrix} a_{11} & a_{12} \\ a_{21} & a_{22} \end{vmatrix} = a_{11}a_{22}-a_{12}a_{21},$$

称这个记号为二阶行列式. 类似地, 也可将解中的另外两个分量用二阶行列式表示, 即

$$D_1 = \begin{vmatrix} b_1 & a_{12} \\ b_2 & a_{22} \end{vmatrix} = b_1 a_{22}-a_{12}b_2,$$

$$D_2 = \begin{vmatrix} a_{11} & b_1 \\ a_{21} & b_2 \end{vmatrix} = a_{11}b_2-b_1 a_{21},$$

则当 $D = \begin{vmatrix} a_{11} & a_{12} \\ a_{21} & a_{22} \end{vmatrix} = a_{11}a_{22}-a_{12}a_{21} \neq 0$ 时, 前述方程组的解表示为

$$x_1 = \frac{D_1}{D}, \quad x_2 = \frac{D_2}{D}.$$

例 1 解方程组 $\begin{cases} 2x+4y=1, \\ x+3y=2. \end{cases}$

解 由于

$$D = \begin{vmatrix} 2 & 4 \\ 1 & 3 \end{vmatrix} = 2\times 3-4\times 1 = 2 \neq 0,$$

$$D_1 = \begin{vmatrix} 1 & 4 \\ 2 & 3 \end{vmatrix} = -5, \quad D_2 = \begin{vmatrix} 2 & 1 \\ 1 & 2 \end{vmatrix} = 3,$$

从而 $x = -\dfrac{5}{2}, y = \dfrac{3}{2}.$

这样, 我们可以给出二阶行列式的定义.

定义 6.1 由 $a_{11}, a_{12}, a_{21}, a_{22}$ 这 4 个数排成的一个方阵, 两边加上两条竖线后称为一个**二阶行列式**. 它表示数 $a_{11}a_{22}-a_{12}a_{21}$, 即

$$\begin{vmatrix} a_{11} & a_{12} \\ a_{21} & a_{22} \end{vmatrix} = a_{11}a_{22}-a_{12}a_{21}.$$

必须注意的是, 二阶行列式与二阶方阵的概念不同, 前者表示四个数构成的一个代数和, 而后者表示由两行两列 4 个数构成的数表, 从符号上也可以看出它们的区别.

6.1.3 问题的解决: n 阶行列式

同样, 三阶行列式的引出可以通过求解三个未知元的线性方程组

$$\begin{cases} a_{11}x+a_{12}y+a_{13}z=b_1, \\ a_{21}x+a_{22}y+a_{23}z=b_2, \\ a_{31}x+a_{32}y+a_{33}z=b_3, \end{cases}$$

定义三阶行列式

$$\begin{vmatrix} a_{11} & a_{12} & a_{13} \\ a_{21} & a_{22} & a_{23} \\ a_{31} & a_{32} & a_{33} \end{vmatrix} = a_{11}a_{22}a_{33} + a_{12}a_{23}a_{31} + a_{13}a_{21}a_{32} - a_{13}a_{22}a_{31} - a_{12}a_{21}a_{33} - a_{11}a_{23}a_{32},$$

可以证明此三元一次方程组的解

$$x = \frac{D_x}{D}, \quad y = \frac{D_y}{D}, \quad z = \frac{D_z}{D} \quad (D \neq 0),$$

这里

$$D = \begin{vmatrix} a_{11} & a_{12} & a_{13} \\ a_{21} & a_{22} & a_{23} \\ a_{31} & a_{32} & a_{33} \end{vmatrix},$$

$$D_x = \begin{vmatrix} b_1 & a_{12} & a_{13} \\ b_2 & a_{22} & a_{23} \\ b_3 & a_{32} & a_{33} \end{vmatrix}, \quad D_y = \begin{vmatrix} a_{11} & b_1 & a_{13} \\ a_{21} & b_2 & a_{23} \\ a_{31} & b_3 & a_{33} \end{vmatrix}, \quad D_z = \begin{vmatrix} a_{11} & a_{12} & b_1 \\ a_{21} & a_{22} & b_2 \\ a_{31} & a_{32} & b_3 \end{vmatrix}.$$

这样,我们可以给出三阶行列式的定义.

定义 6.2　由 $a_{ij}(i,j=1,2,3)$ 这 9 个数排成的一个方阵,两边加上两条竖线后称为一个**三阶行列式**,它表示数 $a_{11}a_{22}a_{33} + a_{12}a_{23}a_{31} + a_{13}a_{21}a_{32} - a_{13}a_{22}a_{31} - a_{12}a_{21}a_{33} - a_{11}a_{23}a_{32}$,即

$$\begin{vmatrix} a_{11} & a_{12} & a_{13} \\ a_{21} & a_{22} & a_{23} \\ a_{31} & a_{32} & a_{33} \end{vmatrix} = a_{11}a_{22}a_{33} + a_{12}a_{23}a_{31} + a_{13}a_{21}a_{32} - a_{13}a_{22}a_{31} - a_{12}a_{21}a_{33} - a_{11}a_{23}a_{32},$$

为了给出更高阶行列式的定义,我们把三阶行列式改写为

$$\begin{vmatrix} a_{11} & a_{12} & a_{13} \\ a_{21} & a_{22} & a_{23} \\ a_{31} & a_{32} & a_{33} \end{vmatrix} = a_{11}(a_{22}a_{33} - a_{23}a_{32}) - a_{12}(a_{21}a_{33} - a_{23}a_{31}) + a_{13}(a_{21}a_{32} - a_{22}a_{31})$$

$$= a_{11}\begin{vmatrix} a_{22} & a_{23} \\ a_{32} & a_{33} \end{vmatrix} - a_{12}\begin{vmatrix} a_{21} & a_{23} \\ a_{31} & a_{33} \end{vmatrix} + a_{13}\begin{vmatrix} a_{21} & a_{22} \\ a_{31} & a_{32} \end{vmatrix},$$

其中

$$\begin{vmatrix} a_{22} & a_{23} \\ a_{32} & a_{33} \end{vmatrix}$$

是原三阶行列式划去元素 a_{11} 所在的第一行、第一列后剩下元素按原来的次序组成的二阶行列式,称它为元素 a_{11} 的**余子式**,记为 M_{11},即

$$M_{11} = \begin{vmatrix} a_{22} & a_{23} \\ a_{32} & a_{33} \end{vmatrix}.$$

类似地,

$$M_{12} = \begin{vmatrix} a_{21} & a_{23} \\ a_{31} & a_{33} \end{vmatrix}, \quad M_{13} = \begin{vmatrix} a_{21} & a_{22} \\ a_{31} & a_{32} \end{vmatrix}.$$

令

$$A_{ij} = (-1)^{i+j} M_{ij} \quad (i,j=1,2,3),$$

称 A_{ij} 为元素 a_{ij} 的**代数余子式**,从而

$$A_{11} = (-1)^{1+1} M_{11} = M_{11},$$
$$A_{12} = (-1)^{1+2} M_{12} = -M_{12},$$
$$A_{13} = (-1)^{1+3} M_{13} = M_{13}.$$

于是三阶行列式也可以定义为

$$\begin{vmatrix} a_{11} & a_{12} & a_{13} \\ a_{21} & a_{22} & a_{23} \\ a_{31} & a_{32} & a_{33} \end{vmatrix} = a_{11}M_{11} - a_{12}M_{12} + a_{13}M_{13}$$

$$= a_{11}A_{11} + a_{12}A_{12} + a_{13}A_{13},$$

即三阶行列式等于它的第一行元素与对应的代数余子式的乘积之和,上式称为三阶行列式按第一行的展开式.

对于一阶行列式 $|a|$,其值就定义为 a.

对于二阶行列式,

$$\begin{vmatrix} a_{11} & a_{12} \\ a_{21} & a_{22} \end{vmatrix} = a_{11}a_{22} - a_{12}a_{21} = a_{11}M_{11} - a_{12}M_{12} = a_{11}A_{11} + a_{12}A_{12}.$$

对于一般情形,我们可以定义 n 阶行列式 $|a_{ij}|_n$ 按第一行的展开式为

$$\begin{vmatrix} a_{11} & a_{12} & \cdots & a_{1n} \\ a_{21} & a_{22} & \cdots & a_{2n} \\ \vdots & \vdots & & \vdots \\ a_{n1} & a_{n2} & \cdots & a_{nn} \end{vmatrix} = a_{11}A_{11} + a_{12}A_{12} + \cdots + a_{1n}A_{1n}.$$

可以证明,行列式按任何一行或按任何一列展开的结果都是一样的.

定理 6.1(行列式按行(列)展开定理)

$$\begin{vmatrix} a_{11} & a_{12} & \cdots & a_{1n} \\ a_{21} & a_{22} & \cdots & a_{2n} \\ \vdots & \vdots & & \vdots \\ a_{n1} & a_{n2} & \cdots & a_{nn} \end{vmatrix} = a_{i1}A_{i1} + a_{i2}A_{i2} + \cdots + a_{in}A_{in} \quad (i=1,2,\cdots,n)$$

$$= a_{1j}A_{1j} + a_{2j}A_{2j} + \cdots + a_{nj}A_{nj} \quad (j=1,2,\cdots n),$$

其中 A_{ij} 为元素 a_{ij} 的代数余子式,即行列式的任何一行(列)的元素与其对应的代数余子式之积的和等于这个行列式自身.

例 2 计算方阵 A 的行列式:

$$A = \begin{bmatrix} 1 & -2 & 3 \\ 2 & 2 & 1 \\ 0 & 3 & 2 \end{bmatrix}.$$

解 将行列式按第 1 列展开,

$$\begin{vmatrix} 1 & -2 & 3 \\ 2 & 2 & 1 \\ 0 & 3 & 2 \end{vmatrix} = 1 \times (-1)^{1+1} \begin{vmatrix} 2 & 1 \\ 3 & 2 \end{vmatrix} + 2 \times (-1)^{2+1} \begin{vmatrix} -2 & 3 \\ 3 & 2 \end{vmatrix}$$

$$= 1 \times (4-3) - 2 \times (-4-9) = 27.$$

6.1.4　问题的拓展：行列式的性质

性质 6.1　行列式和它的转置行列式相等，即

$$\begin{vmatrix} a_{11} & a_{12} & \cdots & a_{1n} \\ a_{21} & a_{22} & \cdots & a_{2n} \\ \vdots & \vdots & & \vdots \\ a_{n1} & a_{n2} & \cdots & a_{nn} \end{vmatrix} = \begin{vmatrix} a_{11} & a_{21} & \cdots & a_{n1} \\ a_{12} & a_{22} & \cdots & a_{n2} \\ \vdots & \vdots & & \vdots \\ a_{1n} & a_{2n} & \cdots & a_{nn} \end{vmatrix}.$$

性质 6.1 表明行列式若有关于行的性质，关于列也有同样的性质.下面仅叙述行列式关于行的性质，这些性质在行列式的计算和理论推导中非常重要.

性质 6.2　互换行列式的两行，行列式变号，绝对值不变.

为了简明，不妨设第 1 行与第 2 行互换. 由性质 6.2，

$$\begin{vmatrix} a_{21} & a_{22} & \cdots & a_{2n} \\ a_{11} & a_{12} & \cdots & a_{1n} \\ \vdots & \vdots & & \vdots \\ a_{n1} & a_{n2} & \cdots & a_{nn} \end{vmatrix} = (-1) \cdot \begin{vmatrix} a_{11} & a_{12} & \cdots & a_{1n} \\ a_{21} & a_{22} & \cdots & a_{2n} \\ \vdots & \vdots & & \vdots \\ a_{n1} & a_{n2} & \cdots & a_{nn} \end{vmatrix}.$$

推论　若行列式有两行相同，则此行列式的值为 0.

证明　若行列式 $|a_{ij}|_n$ 中两行相同，交换这两行；由性质 6.2，知 $|a_{ij}|_n = -|a_{ij}|_n$，从而得到 $|a_{ij}|_n = 0$.　□

性质 6.3　行列式中任意一行的公因子可提到行列式的外面.

为了清晰，对第 1 行写出此性质：

$$\begin{vmatrix} ka_{11} & ka_{12} & \cdots & ka_{1n} \\ a_{21} & a_{22} & \cdots & a_{2n} \\ \vdots & \vdots & & \vdots \\ a_{n1} & a_{n2} & \cdots & a_{nn} \end{vmatrix} = k \begin{vmatrix} a_{11} & a_{12} & \cdots & a_{1n} \\ a_{21} & a_{22} & \cdots & a_{2n} \\ \vdots & \vdots & & \vdots \\ a_{n1} & a_{n2} & \cdots & a_{nn} \end{vmatrix}.$$

推论　若行列式中有两行对应成比例，则行列式的值为零.

证明　将比例数提到行列式之外后，得到一个两行相同的行列式，再由性质 6.2 的推论知此行列式的值为 0.　□

推论　若矩阵 $\boldsymbol{A}$ 为 n 阶方阵，则 $|\lambda \boldsymbol{A}| = \lambda^n |\boldsymbol{A}|$.

性质 6.4　如果行列式某一行是两组数的和，则它等于两个行列式的和：

$$\begin{vmatrix} x_{11}+y_{11} & x_{12}+y_{12} & \cdots & x_{1n}+y_{1n} \\ a_{21} & a_{22} & \cdots & a_{2n} \\ \vdots & \vdots & & \vdots \\ a_{n1} & a_{n2} & \cdots & a_{nn} \end{vmatrix} = \begin{vmatrix} x_{11} & x_{12} & \cdots & x_{1n} \\ a_{21} & a_{22} & \cdots & a_{2n} \\ \vdots & \vdots & & \vdots \\ a_{n1} & a_{n2} & \cdots & a_{nn} \end{vmatrix} + \begin{vmatrix} y_{11} & y_{12} & \cdots & y_{1n} \\ a_{21} & a_{22} & \cdots & a_{2n} \\ \vdots & \vdots & & \vdots \\ a_{n1} & a_{n2} & \cdots & a_{nn} \end{vmatrix}.$$

性质 6.5 将行列式的任意一行的各元素乘一个常数，再对应地加到另一行的元素上，行列式的值不变.

不失一般性，设第 1 行乘 k 加到第 2 行上. 由性质 6.3 和性质 6.4，

$$\begin{vmatrix} a_{11} & a_{12} & \cdots & a_{1n} \\ a_{21}+ka_{11} & a_{22}+ka_{12} & \cdots & a_{2n}+ka_{1n} \\ \vdots & \vdots & & \vdots \\ a_{n1} & a_{n2} & \cdots & a_{nn} \end{vmatrix}$$

$$= \begin{vmatrix} a_{11} & a_{12} & \cdots & a_{1n} \\ a_{21} & a_{22} & \cdots & a_{2n} \\ \vdots & \vdots & & \vdots \\ a_{n1} & a_{n2} & \cdots & a_{nn} \end{vmatrix} + \begin{vmatrix} a_{11} & a_{12} & \cdots & a_{1n} \\ ka_{11} & ka_{12} & \cdots & ka_{1n} \\ \vdots & \vdots & & \vdots \\ a_{n1} & a_{n2} & \cdots & a_{nn} \end{vmatrix} = \begin{vmatrix} a_{11} & a_{12} & \cdots & a_{1n} \\ a_{21} & a_{22} & \cdots & a_{2n} \\ \vdots & \vdots & & \vdots \\ a_{n1} & a_{n2} & \cdots & a_{nn} \end{vmatrix}.$$

性质 6.6 若矩阵 $\boldsymbol{A}$ 和 $\boldsymbol{B}$ 为同阶方阵，则 $|\boldsymbol{AB}| = |\boldsymbol{A}| \cdot |\boldsymbol{B}|$.

例 3 计算行列式

$$D = \begin{vmatrix} 1 & 2 & 3 & 4 \\ 2 & 3 & 4 & 1 \\ 3 & 4 & 1 & 2 \\ 4 & 1 & 2 & 3 \end{vmatrix}.$$

符号说明 我们用 r_i, c_i 分别表示行列式的第 i 行，第 i 列；用 $r_i \leftrightarrow r_j$ 表示第 i 行和第 j 行互换；用 $k \times r_i$ 表示用 k 乘第 i 行；用 $k \times r_i \rightarrow r_j$ 表示第 i 行乘 k 加到第 j 行上. 对于列也有同样的符号.

解

$$D \xrightarrow[i=2,3,4]{(-i) \times r_1 \rightarrow r_i} \begin{vmatrix} 1 & 2 & 3 & 4 \\ 0 & -1 & -2 & -7 \\ 0 & -2 & -8 & -10 \\ 0 & -7 & -10 & -13 \end{vmatrix},$$

按第一列展开得

$$D = \begin{vmatrix} -1 & -2 & -7 \\ -2 & -8 & -10 \\ -7 & -10 & -13 \end{vmatrix} = (-1)^3 \cdot \begin{vmatrix} 1 & 2 & 7 \\ 2 & 8 & 10 \\ 7 & 10 & 13 \end{vmatrix},$$

由行列式性质得

$$D = (-1)^3 \cdot \begin{vmatrix} 1 & 2 & 7 \\ 2 & 8 & 10 \\ 7 & 10 & 13 \end{vmatrix} \xrightarrow[(-7) \times r_1 \rightarrow r_3]{(-2) \times r_1 \rightarrow r_2} (-1) \cdot \begin{vmatrix} 1 & 2 & 7 \\ 0 & 4 & -4 \\ 0 & -4 & -36 \end{vmatrix}$$

$$= (-1) \cdot \begin{vmatrix} 4 & -4 \\ -4 & -36 \end{vmatrix} = (-1) \times 4 \times 4 \begin{vmatrix} 1 & -1 \\ -1 & -9 \end{vmatrix} = 160.$$

6.1.5　问题的再拓展：用克拉默法则求解线性方程组

前面我们用二阶和三阶行列式来解在中学已熟知的二元和三元线性方程组. 此方法的一般化就是线性方程组的克拉默法则.

定理 6.2（克拉默法则）　对于 n 元线性方程组

$$\begin{cases} a_{11}x_1 + a_{12}x_2 + \cdots + a_{1n}x_n = b_1, \\ a_{21}x_1 + a_{22}x_2 + \cdots + a_{2n}x_n = b_2, \\ \qquad\cdots\cdots\cdots\cdots \\ a_{n1}x_1 + a_{n2}x_2 + \cdots + a_{nn}x_n = b_n, \end{cases}$$

若系数行列式 $D = |a_{ij}|_n \neq 0$，则此方程组有唯一的一组解

$$x_1 = \frac{D_1}{D}, \quad x_2 = \frac{D_2}{D}, \quad \cdots, \quad x_n = \frac{D_n}{D},$$

其中 D_i 是将 D 中的第 i 列 $a_{1i}, a_{2i}, \cdots, a_{ni}$ 换成 $b_1, b_2, \cdots, b_n$ 得到的行列式.

例 4　用克拉默法则解线性方程组

$$\begin{cases} x + y + z = 0, \\ 4x + 2y + z = 3, \\ 9x - 3y + z = 28, \end{cases}$$

则

$$D = \begin{vmatrix} 1 & 1 & 1 \\ 4 & 2 & 1 \\ 9 & -3 & 1 \end{vmatrix} = -20, \quad D_1 = \begin{vmatrix} 0 & 1 & 1 \\ 3 & 2 & 1 \\ 28 & -3 & 1 \end{vmatrix} = -40,$$

$$D_2 = \begin{vmatrix} 1 & 0 & 1 \\ 4 & 3 & 1 \\ 9 & 28 & 1 \end{vmatrix} = 60, \quad D_3 = \begin{vmatrix} 1 & 1 & 0 \\ 4 & 2 & 3 \\ 9 & -3 & 28 \end{vmatrix} = -20,$$

由克拉默法则，方程组有唯一解：

$$x = \frac{D_1}{D} = 2, \quad y = \frac{D_2}{D} = -3, \quad z = \frac{D_3}{D} = 1.$$

习题 6.1

1. 计算下列行列式：

(1) $\begin{vmatrix} 1 & 3 \\ 1 & 4 \end{vmatrix}$;　　　　(2) $\begin{vmatrix} a & b \\ a^2 & b^2 \end{vmatrix}$;　　　　(3) $\begin{vmatrix} 1 & 2 & 3 \\ 2 & 2 & 4 \\ 3 & 4 & 3 \end{vmatrix}$;

(4) $\begin{vmatrix} 1 & a & b \\ 0 & 2 & c \\ 0 & 0 & 3 \end{vmatrix}$;　　　　(5) $\begin{vmatrix} 1 & 2 & -1 & 2 \\ 3 & 0 & 1 & 5 \\ 1 & -2 & 0 & 3 \\ -2 & -4 & 1 & 6 \end{vmatrix}$.

2. 利用克拉默法则解下列方程组：

$$(1)\begin{cases}5x+2y=3,\\4x+2y=1;\end{cases}$$

$$(2)\begin{cases}2x-4y+\ z=1,\\x-5y+3z=2,\\x-y+\ z=-1;\end{cases}$$

$$(3)\begin{cases}x_1+x_2-2x_3=-2,\\x_2+2x_3=1,\\x_1-x_2=2;\end{cases}$$

$$(4)\begin{cases}5x_1+\ 4x_3+2x_4=3,\\x_1-x_2+2x_3+\ x_4=1,\\4x_1+x_2+2x_3=1,\\x_1+x_2+\ x_3+\ x_4=0.\end{cases}$$

6.2　食品配方问题

6.2.1　问题的引入：食品配方问题

某食品加工厂准备生产一种食品,该食品由甲、乙、丙、丁4种原料加工而成,含蛋白质、脂肪和碳水化合物的比例分别为15%,5%和12%. 而甲、乙、丙、丁原料中含蛋白质、脂肪和碳水化合物的比例由表6.1给出. 如何用这4种原料配制出满足要求的食品呢?

表 6.1　原料成分比例

	甲	乙	丙	丁
蛋白质/%	20	16	10	15
脂肪/%	3	8	2	5
碳水化合物/%	10	25	20	5

在该食品配方问题中设食品中4种原料甲、乙、丙、丁所占比例分别为x_1,x_2,x_3,x_4,则所需的原料比例可通过下述方程组求得:

$$\begin{cases}x_1+\ x_2+\ x_3+\ x_4=1,\\20x_1+16x_2+10x_3+15x_4=15,\\3x_1+\ 8x_2+\ 2x_3+\ 5x_4=5,\\10x_1+25x_2+20x_3+\ 5x_4=12.\end{cases}$$

其实,很多实际问题最终都可以归结为线性方程组的求解. 上一节我们学习了用克拉默法则求解线性方程组,此方法有一定的局限性. 对于一般线性方程组,应如何求解?

6.2.2　问题的分析：线性方程组的同解变换与其增广矩阵行变换的对应

用高斯消元法解下列方程组

$$\begin{cases}x+\ y+z=\ 3,\\2x+\ y-z=\ 2,\\x-3y+z=-1.\end{cases}$$

我们应注意到,用消元法解方程组实际上是对方程组的未知数的系数和右边的常数进行运算. 先将方程组与一个由方程组的未知数的系数和右边的常数组成的矩阵对应起来, 方程组的每一个消法运算和倍法运算都对应此矩阵的一个行运算 (r_i 表示数表的第 i 行):

$$\begin{cases} x+ y+z= 3, & (1) \\ 2x+ y-z= 2, & (2) \\ x-3y+z=-1, & (3) \end{cases} \leftrightarrow \begin{bmatrix} 1 & 1 & 1 & \vdots & 3 \\ 2 & 1 & -1 & \vdots & 2 \\ 1 & -3 & 1 & \vdots & -1 \end{bmatrix};$$

方程的运算 $(-2)\times(1)\overset{+}{\to}(2)$ 对应矩阵的变换 $(-2)\times r_1 \to r_2$, 方程的运算 $(-1)\times(1)\overset{+}{\to}(3)$ 对应矩阵的变换 $(-1)\times r_1 \to r_3$, 即

$$\begin{cases} x+ y+ z= 3, & (4) \\ -y-3z=-4, & (5) \\ -4y =-4, & (6) \end{cases} \leftrightarrow \begin{bmatrix} 1 & 1 & 1 & \vdots & 3 \\ 0 & -1 & -3 & \vdots & -4 \\ 0 & -4 & 0 & \vdots & -4 \end{bmatrix};$$

方程的运算 $(-1)\times(5)$ 对应矩阵的变换 $(-1)\times r_2$, 方程的运算 $\left(-\dfrac{1}{4}\right)\times(6)$ 对应矩阵的变换 $\left(-\dfrac{1}{4}\right)\times r_3$, 即

$$\begin{cases} x+y+ z=3, & (7) \\ y+3z=4, & (8) \\ y =1, & (9) \end{cases} \leftrightarrow \begin{bmatrix} 1 & 1 & 1 & \vdots & 3 \\ 0 & 1 & 3 & \vdots & 4 \\ 0 & 1 & 0 & \vdots & 1 \end{bmatrix};$$

方程的运算 $(8)\leftrightarrow(9)$ 对应矩阵的变换 $r_2\leftrightarrow r_3$, 即

$$\begin{cases} x+y+ z=3, & (10) \\ y =1, & (11) \\ y+3z=4, & (12) \end{cases} \leftrightarrow \begin{bmatrix} 1 & 1 & 1 & \vdots & 3 \\ 0 & 1 & 0 & \vdots & 1 \\ 0 & 1 & 3 & \vdots & 4 \end{bmatrix};$$

方程的运算 $(-1)\times(11)\overset{+}{\to}(10)$ 对应数表的变换 $(-1)\times r_2 \to r_1$, 方程的运算 $(-1)\times(11)\overset{+}{\to}(12)$ 对应数表的变换 $(-1)\times r_2 \to r_3$, 即

$$\begin{cases} x+ z=2, & (13) \\ y =1, & (14) \\ 3z=3, & (15) \end{cases} \leftrightarrow \begin{bmatrix} 1 & 0 & 1 & \vdots & 2 \\ 0 & 1 & 0 & \vdots & 1 \\ 0 & 0 & 3 & \vdots & 3 \end{bmatrix};$$

方程的运算 $\left(-\dfrac{1}{3}\right)\times(15)\overset{+}{\to}(13)$ 对应数表的变换 $\left(-\dfrac{1}{3}\right)\times r_3 \to r_1$, 方程的运算 $\dfrac{1}{3}\times(15)$ 对应数表的变换 $\dfrac{1}{3}\times r_3$, 即

$$\begin{cases} x =1, \\ y =1, \\ z=1, \end{cases} \leftrightarrow \begin{bmatrix} 1 & 0 & 0 & \vdots & 1 \\ 0 & 1 & 0 & \vdots & 1 \\ 0 & 0 & 1 & \vdots & 1 \end{bmatrix}.$$

6.2.3　问题的解决: 高斯消元法

由此, 我们看到了对于一个线性方程组, 一个普遍可用的求解方法就是**高斯消元法**. 这个方法实际上就是对方程组反复施以三种变换: (1) 交换其中两个方程的位置; (2) 用一个非零数去乘某个方程; (3) 用一个数乘某个方程后再加到另一个方程上. 而所有这些变换都不会改变原来

方程组的解,因此,最后所得方程组的解就是原方程组的解.高斯消元法解方程组的本质是**对矩阵进行行初等变换**.现在我们引入相关概念.

定义 6.3 称线性方程组

$$
\begin{cases}
a_{11}x_1 + a_{12}x_2 + \cdots + a_{1n}x_n = b_1, \\
a_{21}x_1 + a_{22}x_2 + \cdots + a_{2n}x_n = b_2, \\
\qquad \cdots\cdots\cdots \\
a_{m1}x_1 + a_{m2}x_2 + \cdots + a_{mn}x_n = b_m
\end{cases}
$$

为**非齐次线性方程组**,这里 n 为未知数的个数,m 为方程的个数,a_{ij},b_i 为常数,且 b_i 不全为零,$i=1,2,\cdots,m$,$j=1,2,\cdots,n$.

定义 6.4 称矩阵

$$
A = \begin{bmatrix}
a_{11} & a_{12} & \cdots & a_{1n} \\
a_{21} & a_{22} & \cdots & a_{2n} \\
\vdots & \vdots & & \vdots \\
a_{m1} & a_{m2} & \cdots & a_{mn}
\end{bmatrix}_{m \times n}
$$

为定义 6.3 中方程组的**系数矩阵**,称矩阵

$$
\widetilde{A} = \begin{bmatrix}
a_{11} & a_{12} & \cdots & a_{1n} & b_1 \\
a_{21} & a_{22} & \cdots & a_{2n} & b_2 \\
\vdots & \vdots & & \vdots & \vdots \\
a_{m1} & a_{m2} & \cdots & a_{mn} & b_m
\end{bmatrix}_{m \times (n+1)}
$$

为定义 6.3 中方程组的**增广矩阵**.

定义 6.5 对方程组进行的如下变换称为此方程组的**同解变换**:

(1) 交换方程组中的两个方程;

(2) 用一个非零常数乘方程组中某个方程的两边;

(3) 将某个方程的 k 倍加到另一个方程上.

注 方程组的同解变换不改变其解.由前面的例子看出,一个线性方程组的三种类型的同解变换对应其增广矩阵同类型的行初等变换.若一个线性方程组的增广矩阵 $\widetilde{A}$ 经过一次或若干次行初等变换化为 $\widetilde{B}$,则 $\widetilde{A}$ 与 $\widetilde{B}$ 对应的方程组是同解的.

定义 6.6 若一个矩阵的每个非零行(元素不全为零的行)的第一个(从左数)非零元素所在的列指标随行指标的增大而严格增大,并且元素全为零的行均在所有非零行的下方,则称此矩阵为**行阶梯矩阵**.

下面的矩阵都是行阶梯矩阵:

$$
\begin{bmatrix}
2 & 2 & -1 \\
0 & 0 & 3 \\
0 & 0 & 0
\end{bmatrix}, \quad
\begin{bmatrix}
0 & 1 & 2 \\
0 & 0 & 3 \\
0 & 0 & 0
\end{bmatrix}, \quad
\begin{bmatrix}
1 & -2 & 4 & 5 & 2 \\
0 & 0 & 2 & 0 & 3 \\
0 & 0 & 0 & 3 & 4 \\
0 & 0 & 0 & 0 & 0
\end{bmatrix}.
$$

定义 6.7 若矩阵为行阶梯矩阵,且每行中第一个(从左数)非零元为 1,又这个 1 所在的列

中其他元素都为 0, 则称此矩阵为**行最简矩阵**.

下面的矩阵都是行最简矩阵:

$$\begin{bmatrix} 1 & 2 & 0 \\ 0 & 0 & 1 \\ 0 & 0 & 0 \end{bmatrix}, \quad \begin{bmatrix} 0 & 1 & 0 \\ 0 & 0 & 1 \\ 0 & 0 & 0 \end{bmatrix}, \quad \begin{bmatrix} 1 & -2 & 0 & 0 & 2 \\ 0 & 0 & 1 & 0 & 3 \\ 0 & 0 & 0 & 1 & 4 \\ 0 & 0 & 0 & 0 & 0 \end{bmatrix}.$$

如前所述, 对于非齐次线性方程组, 我们可以对方程组的增广矩阵施行行初等变换, 化成行最简矩阵来解线性方程组. 我们来看几个例子.

例 1 解方程组

$$\begin{cases} x_1 + x_2 + 2x_3 + 4x_4 = 3, \\ 3x_1 + x_2 + 6x_3 + 2x_4 = 3, \\ -x_1 + 2x_2 - 2x_3 + x_4 = 1. \end{cases}$$

解 对此方程组的增广矩阵变形,

$$\widetilde{A} = \begin{bmatrix} 1 & 1 & 2 & 4 & 3 \\ 3 & 1 & 6 & 2 & 3 \\ -1 & 2 & -2 & 1 & 1 \end{bmatrix} \xrightarrow[\;r_1 \to r_3\;]{(-3)\times r_1 \to r_2} \begin{bmatrix} 1 & 1 & 2 & 4 & 3 \\ 0 & -2 & 0 & -10 & -6 \\ 0 & 3 & 0 & 5 & 4 \end{bmatrix}$$

$$\xrightarrow{(-1/2)\times r_2} \begin{bmatrix} 1 & 1 & 2 & 4 & 3 \\ 0 & 1 & 0 & 5 & 3 \\ 0 & 3 & 0 & 5 & 4 \end{bmatrix} \xrightarrow[\;(-3)\times r_2 \to r_3\;]{(-1)\times r_2 \to r_1} \begin{bmatrix} 1 & 0 & 2 & -1 & 0 \\ 0 & 1 & 0 & 5 & 3 \\ 0 & 0 & 0 & -10 & -5 \end{bmatrix}$$

$$\xrightarrow{(-1/10)\times r_3} \begin{bmatrix} 1 & 0 & 2 & -1 & 0 \\ 0 & 1 & 0 & 5 & 3 \\ 0 & 0 & 0 & 1 & 1/2 \end{bmatrix} \xrightarrow[\;(-5)\times r_3 \to r_2\;]{r_3 \to r_1} \begin{bmatrix} 1 & 0 & 2 & 0 & 1/2 \\ 0 & 1 & 0 & 0 & 1/2 \\ 0 & 0 & 0 & 1 & 1/2 \end{bmatrix},$$

原方程组与

$$\begin{cases} x_1 + 2x_3 = \dfrac{1}{2}, \\ x_2 = \dfrac{1}{2}, \\ x_4 = \dfrac{1}{2} \end{cases}$$

同解, 即

$$\begin{cases} x_1 = \dfrac{1}{2} - 2c, \\ x_2 = \dfrac{1}{2}, \\ x_3 = c, \\ x_4 = \dfrac{1}{2}. \end{cases}$$

注 在这里 x_3 任取一个常数 c,就得到方程组的一组解,因而原方程组有**无穷多组解**,这样的 x_3 称为**自由未知数**,而且方程组上述形式的解称此方程组的**通解**. 自由未知数是相对的,在上例中也可视 x_1 为自由未知数. 这样,方程组的通解就写为

$$\begin{cases} x_1 = \quad\quad c, \\ x_2 = \dfrac{1}{2}, \\ x_3 = \dfrac{1}{4} - \dfrac{1}{2}c, \\ x_4 = \dfrac{1}{2}. \end{cases}$$

对于本节开头食品配方问题,我们可以按照上述方法手算或借助计算机软件,求解非齐次线性方程组

$$\begin{cases} x_1 + \quad x_2 + \quad x_3 + \quad x_4 = 1, \\ 20x_1 + 16x_2 + 10x_3 + 10x_4 = 15, \\ 3x_1 + \quad 8x_2 + \quad 2x_3 + \quad 5x_4 = 5, \\ 10x_1 + 25x_2 + 20x_3 + \quad 5x_4 = 12, \end{cases}$$

得到上述方程组有**唯——组解**

$$x_1 = \frac{7}{20} = 35\%, \quad x_2 = \frac{1}{4} = 25\%,$$

$$x_3 = \frac{1}{60} \approx 1.67\%, \quad x_4 = \frac{23}{60} \approx 38.33\%,$$

即该食品中 4 种原料甲、乙、丙、丁所占比例为 $35\%, 25\%, 1.67\%, 38.33\%$.

例 2 解方程组

$$\begin{cases} x + 2y - z = 1, \\ 2x - 3y + z = 0, \\ 4x + \quad y - z = -1. \end{cases}$$

解 对此方程组的增广矩阵变形,

$$\widetilde{A} = \begin{bmatrix} 1 & 2 & -1 & 1 \\ 2 & -3 & 1 & 0 \\ 4 & 1 & -1 & 1 \end{bmatrix} \xrightarrow[\substack{(-4)\times r_1 \to r_3}]{\substack{(-2)\times r_1 \to r_2}} \begin{bmatrix} 1 & 2 & -1 & 1 \\ 0 & -7 & 3 & -2 \\ 0 & -7 & 3 & -5 \end{bmatrix}$$

$$\xrightarrow{(-1)\times r_2 \to r_3} \begin{bmatrix} 1 & 2 & -1 & 1 \\ 0 & -7 & 3 & -2 \\ 0 & 0 & 0 & -3 \end{bmatrix},$$

原方程组与方程组

$$\begin{cases} x + 2y - \quad z = 1, \\ -7y + 3z = -2, \\ \quad\quad\quad 0 = -3 \end{cases}$$

同解,而这是矛盾方程组,故原方程组**无解**.

正如前面的例子所示,对一般线性方程组

$$\begin{cases} a_{11}x_1 + a_{12}x_2 + \cdots + a_{1n}x_n = b_1, \\ a_{21}x_1 + a_{22}x_2 + \cdots + a_{2n}x_n = b_2, \\ \cdots\cdots\cdots \\ a_{m1}x_1 + a_{m2}x_2 + \cdots + a_{mn}x_n = b_m, \end{cases}$$

$n>m, n=m, n<m$ 都是可能的,且此方程组的解有三种可能的情况:无解,即任何一组 $x_1, x_2, \cdots, x_n$ 都不满足方程组;有唯一一组解;有无穷多组解.

定义 6.8　我们称线性方程组

$$\begin{cases} a_{11}x_1 + a_{12}x_2 + \cdots + a_{1n}x_n = 0, \\ a_{21}x_1 + a_{22}x_2 + \cdots + a_{2n}x_n = 0, \\ \cdots\cdots\cdots \\ a_{m1}x_1 + a_{m2}x_2 + \cdots + a_{mn}x_n = 0 \end{cases}$$

为**齐次线性方程组**.

显然,此方程组有一组零解 $x_1 = x_2 = \cdots = x_n = 0$.对于齐次线性方程组,我们关心的是它除了这组零解之外,还有没有其他非零解.该问题在线性代数中非常重要.

对于齐次线性方程组,我们可以对方程组的系数矩阵施行行初等变换,化成行最简矩阵来求解.我们来看例 3.

例 3　解方程组 $\begin{cases} x_1 + x_2 - x_3 - x_4 = 0, \\ x_1 + 2x_2 + 2x_3 + 3x_4 = 0, \\ 2x_1 + 3x_2 + x_3 + 2x_4 = 0. \end{cases}$

解　写出齐次方程组的系数矩阵 A,对 A 进行行初等变换,直至变成行最简矩阵,

$$A = \begin{bmatrix} 1 & 1 & -1 & -1 \\ 1 & 2 & 2 & 3 \\ 2 & 3 & 1 & 2 \end{bmatrix} \xrightarrow{\text{行变换}} \begin{bmatrix} 1 & 1 & -1 & -1 \\ 0 & 1 & 3 & 4 \\ 0 & 0 & 0 & 0 \end{bmatrix} \xrightarrow{\text{行变换}} \begin{bmatrix} 1 & 0 & -4 & -5 \\ 0 & 1 & 3 & 4 \\ 0 & 0 & 0 & 0 \end{bmatrix},$$

还原成方程组

$$\begin{cases} x_1 = 4x_3 + 5x_4, \\ x_2 = -3x_3 - 4x_4, \\ x_3 = x_3, \\ x_4 = x_4, \end{cases}$$

所以通解为

$$X = C_1 \begin{bmatrix} 4 \\ -3 \\ 1 \\ 0 \end{bmatrix} + C_2 \begin{bmatrix} 5 \\ -4 \\ 0 \\ 1 \end{bmatrix} \quad (C_1, C_2 \text{ 为任意常数}).$$

习题 6.2

1. 写出下列方程组的增广矩阵：

（1） $\begin{cases} x_1 + x_2 + x_3 = 1, \\ 4x_1 + 5x_2 + 6x_3 = 0; \end{cases}$ （2） $\begin{cases} x_1 + x_2 = 1, \\ 3x_1 + 4x_2 = 2, \\ x_1 + 6x_2 = 3. \end{cases}$

2. 用行初等变换将下列矩阵化为行最简矩阵：

（1） $\begin{bmatrix} 1 & 2 & 3 & 4 \\ 2 & 3 & 1 & 2 \\ 1 & 1 & 1 & -1 \\ 1 & 0 & -2 & -6 \end{bmatrix}$; （2） $\begin{bmatrix} 0 & 3 & -6 & 4 & 9 \\ 1 & 2 & -1 & 3 & 1 \\ 2 & 3 & 0 & 3 & -1 \\ 1 & -4 & 5 & -9 & -7 \end{bmatrix}$.

3. 用增广矩阵的行初等变换解下列方程组：

（1） $\begin{cases} x + 2y + 3z = 4, \\ 2x + 3y + 5z = -1, \\ 2x + 2y + 4z = 0; \end{cases}$ （2） $\begin{cases} 2x + y - z + w = 1, \\ 4x + 2y - 2z + w = 2, \\ 2x + y - z - w = 1. \end{cases}$

第 7 章

随机事件及其概率

概率论是研究和揭示随机现象和统计规律性的一个数学分支. 概率论主要研究如何对随机现象出现某一结果的可能性作出客观的科学判断,并作出数量上的描述. 由于随机现象是普遍存在的,这就使概率论的理论与方法具有极为普遍的意义,也决定了概率论在理论和应用中所处的重要地位与作用以及广阔的发展前景.

1933 年苏联数学家柯尔莫哥洛夫(Kolmogorov)首次提出了概率的公理化定义并迅速得到举世公认,是概率论发展史上的一个重要里程碑.在现实生活中,人们关心的随机事件发生可能性的大小,比如彩票中奖率、患者患病概率、某地区降水概率等都是概率问题.

7.1　大雪节气的降雪概率问题

7.1.1　问题的引入:大雪节气的降雪概率问题

"时雪转甚,故以大雪名节". 根据天气预报,某年大雪节气时,乌鲁木齐降雪概率为53.6%,哈尔滨降雪概率为 32.5%……我们该如何理解城市的降雪概率呢? 为此,首先要了解什么是概率.

7.1.2　问题的分析:概率的定义和基本性质

自然界和人类社会中存在各种各样的现象.有一类现象在一定条件下出现的结果是固定的,例如向上抛一枚石子必然下落、异性电荷必定互相吸引,这类现象称为**确定性现象**. 还有一类现象,例如抛掷一枚硬币,其结果可能是正面朝上,也可能是反面朝上;从一批产品中任取一件,则取出的产品可能是次品也可能是正品. 这类现象,在一定条件下可能出现这样或那样的结果,在试验或观察之前不能预知确切的结果,但经过长期实践和研究之后人们发现这类现象在大量重复试验或观察下,它的结果可以呈现出某种规律性. 例如,多次重复抛掷一枚硬币得到正面向上的次数大致占一半. 这种在大量重复试验或观察中所呈现出来的固有规律性,就是我们所说的**统计规律性**.

这种在个别试验中其结果呈现出不确定性,在大量重复试验中其结果又具有统计规律性的现象称为**随机现象**.

在日常生活中,我们会遇到各种试验.在这里,我们把试验作为一个含义广泛的术语,它包括各种各样的科学试验,甚至对某一事物特征的观察也认为是一种试验,并用大写字母 E 表示.

我们称具有以下特点的试验为**随机试验**:

(1)可以在相同条件下重复进行;

(2)在进行一次试验之前,不能事先确定试验的哪一个结果会出现;

(3)试验的全部可能结果是已知的.

我们是通过研究随机试验来研究随机现象的,本书中以后提到的试验均指随机试验.随机试验 E 的所有可能结果组成的集合称为试验 E 的**样本空间**,记为 $U.U$ 中的元素,即 E 的每个结果,称为**样本点**.

例 1 将一枚硬币抛掷三次,观察正面 H 和反面 T 出现的情况,所得样本空间为
$$U = \{HHH, HHT, HTH, THH, HTT, THT, TTH, TTT\}.$$

例 2 掷一颗骰子,观察出现的点数.所有可能出现的结果为 1 点到 6 点,所得样本空间为 $U = \{1,2,3,4,5,6\}$.

例 3 在一批电子器件中任意抽取一只,测试它的寿命 t,其样本空间为 $U = \{t \mid t \geqslant 0\}$.

值得注意的是,样本空间中的样本点可以是有限个,也可以是无穷个;样本空间中的样本点可以是数也可以不是数.样本空间的样本点取决于试验的目的,也就是说,试验目的的不同,决定了样本空间中的样本点的不同.但是,无论怎样构造样本空间,作为样本空间中的样本点,必须具备两条基本属性:

(1)**互斥性** 任何两个样本点都不会在同一次试验中出现;

(2)**完备性** 每次试验一定会出现某一个样本点.

在进行试验时,人们常常关心满足某种条件的那些样本点所组成的集合.例如,掷骰子时若规定出现点数不超过 3 点为"小点",4 点或以上称为"大点",则在掷骰子试验 E_1 中,有时更关心的是出现的点数在集合 $A = \{1,2,3\}$ 中,还是在集合 $B = \{4,5,6\}$ 中,而集合 A 与 B 均为样本空间 $S_1 = \{1,2,3,4,5,6\}$ 的子集.在这里,我们称 A 与 B 均为试验 E_1 的一个随机事件.

定义 7.1 设随机试验 E 的样本空间为 U,我们把 U 的子集称为试验 E 的**随机事件**,简称**事件**.随机事件常用大写字母 A,B,C 等表示.在每次试验中,当且仅当 A 中的一个样本点出现时,**称事件 A 发生**.

特别地,由一个样本点组成的单点集,称为**基本事件**.全集 U 包含所有的样本点,它是样本空间 U 自身的子集,在每次试验中它总是发生的,U 称为**必然事件**.空集 $\varnothing$ 不包含任何样本点,它也是样本空间的子集,在每次试验中都不发生,称为**不可能事件**.

我们知道,必然事件 U 与不可能事件 $\varnothing$ 都不是随机事件,因为作为试验的结果,它们都是确定的,并不具有随机性.但是为了今后讨论问题方便,我们也将它们当作随机事件来处理.

由于随机事件是样本空间的一个子集,而且样本空间中可以定义不止一个事件,那么分析事件之间的关系不但有助于我们深刻地认识事件的本质,而且还可以简化一些复杂事件的概率的计算.既然事件是一个集合,那么我们可以借助集合论中集合之间的关系以及集合的运算来研究事件之间的关系与运算.

设试验 E 的样本空间为 U,而 $A,B,A_i(i=1,2,\cdots)$ 是 U 的子集.

(1)若 $A \subseteq B$,则称事件 B 包含事件 A,它的含义是事件 A 发生必然使得事件 B 发生.对任一

事件 A,有 $\varnothing \subseteq A \subseteq U$.

若事件 $A \subseteq B$ 且 $B \subseteq A$,即 $A = B$,则称事件 A 与事件 B **相等**.易知,相等的两个事件 A 和 B,总是同时发生或同时不发生.

（2）事件 $A \cup B = \{x \mid x \in A$ 或 $x \in B\}$ 称为事件 A 与事件 B 的和**事件**,是指事件 A 与 B 至少有一个发生.

类似地,$\bigcup\limits_{k=1}^{n} A_k$ 称为 n 个事件 $A_1, A_2, \cdots, A_n$ 的和事件;$\bigcup\limits_{k=1}^{\infty} A_k$ 称为可列个事件 $A_1, A_2, \cdots$ 的和事件.

（3）事件 $A \cap B = \{x \mid x \in A$ 且 $x \in B\}$ 称为事件 A 与事件 B 的积**事件**,是指事件 A 与 B 同时发生.$A \cap B$ 也简记为 AB.

类似地,$\bigcap\limits_{k=1}^{n} A_k$ 称为 n 个事件 $A_1, A_2, \cdots, A_n$ 的积事件,$\bigcap\limits_{k=1}^{\infty} A_k$ 称为可列个事件 $A_1, A_2, \cdots$ 的积事件.

（4）若事件 $A \cap B = \varnothing$,则称事件 A 与事件 B 是**互不相容的**,也称互斥的,是指事件 A 与 B 不能同时发生.显然,基本事件是两两互不相容的.

（5）若事件 A 与事件 B 满足 $A \cup B = U$ 且 $AB = \varnothing$,则称事件 A 与事件 B 互为**对立事件**,又称**逆事件**,是指每次试验中事件 A 与事件 B 必有一个发生,且仅有一个发生.A 的对立事件记为 $\overline{A}$,表示 A 不发生.

（6）事件 $A-B = \{x \mid x \in A$ 且 $x \notin B\}$ 称为事件 A 与事件 B 的**差事件**,是指事件 A 发生而事件 B 不发生,显然,$A-B = A\overline{B}$.

由集合论可知,事件运算满足以下法则:设 A, B, C 为事件,则有

（1）交换律:$A \cup B = B \cup A$,$AB = BA$;

（2）结合律:$(A \cup B) \cup C = A \cup (B \cup C)$,$(AB)C = A(BC)$;

（3）分配律:$(A \cup B)C = (AC) \cup (BC)$,$(AB) \cup C = (A \cup C)(B \cup C)$;

（4）德摩根（De Morgan）律:$\overline{A \cup B} = \overline{A}\,\overline{B}$,$\overline{AB} = \overline{A} \cup \overline{B}$.

例 4　设 A, B, C 为三个事件,则

（1）"A, B, C 中只有事件 B 发生"可以表示为 $\overline{A} B \overline{C}$;

（2）"A, B, C 中至少有一个发生"可以表示为 $A \cup B \cup C$;

（3）"A, B, C 中至少有一个不发生",即"A, B, C 至多有两个发生"可以表示为 $\overline{A} \cup \overline{B} \cup \overline{C}$.

随机事件发生的可能性大小在数学上抽象就是事件的概率.一个随机试验有多种可能的结果,事先不能确定某一事件(除必然事件和不可能事件外)会不会发生.但人们希望知道某些结果发生的可能性有多大.

定义 7.2（概率的统计定义）　在相同条件下,进行了 n 次试验.在这 n 次试验中,随机事件 A 发生的次数 n_A 称为事件 A 发生的**频数**,比值 $\dfrac{n_A}{n}$ 称为事件 A 发生的**频率**,记为 $f_n(A)$.

显然,$f_n(A)$ 具有下列性质:

（1）$0 \leqslant f_n(A) \leqslant 1$;

（2）$f_n(U)=1$；

（3）若 $A_1,A_2,\cdots,A_n$ 是两两互不相容的 n 个事件,则有

$$f_n(A_1\cup A_2\cup\cdots\cup A_n)=\sum_{i=1}^{n}f_n(A_i).$$

比值 $\dfrac{n_A}{n}$ 反映了事件 A 发生的频繁程度. $\dfrac{n_A}{n}$ 的值越大,事件 A 发生越频繁,则意味着事件 A 发生的可能性也就越大,因此 $\dfrac{n_A}{n}$ 在某种意义上反映了事件 A 发生的可能性的大小.

历史上,许多人做过抛掷硬币试验,数据如表 7.1 所示.

表 7.1　抛掷硬币试验

试验者	n	n_H	$f_n(H)$
德摩根	2 048	1 061	0.518 1
蒲丰（Buffon）	4 040	2 048	0.506 9
皮尔逊（Pearson）	12 000	6 019	0.501 6
皮尔逊	24 000	12 012	0.500 5

从表 7.1 中可以看出,频率 $f_n(A)$ 具有下列特征：

（1）频率具有随机波动性,即所得的 $f_n(A)$ 不尽相同；

（2）当 n 较小时, $f_n(A)$ 的随机波动性较大,而随着 n 增大, $f_n(A)$ 在 0.5 附近摆动,并逐渐趋于稳定.

由此可见,尽管频率在一定程度上反映了事件 A 发生的可能性大小,但 $f_n(A)$ 与试验次数 n 有关又具有随机波动性,所以用 $f_n(A)$ 去定义某事件 A 在一次试验中发生的可能性的大小不尽合理. 人们希望用一个与试验次数无关且无随机波动性的适当的数来度量事件 A 在一次试验中发生的可能性大小. 如果随着 n 逐渐增大,频率 $\dfrac{n_A}{n}$ 逐渐稳定在某一数值 p 附近,则数值 p 称为事件 A 在该条件下发生的概率,记作 $P(A)=p$. 这是概率的统计定义.

为了理论研究的需要,我们从频率的稳定性和频率的性质得到启示,给出如下表示事件发生的可能性大小的概率的公理化定义.

定义 7.3（概率的公理化定义）　设 E 是随机试验, U 是其样本空间. 对于 E 的每一个事件 A,有唯一满足以下三条性质的实数 $P(A)$ 与之对应,称 $P(A)$ 为事件 A 的**概率**. 其中三条性质指的是：

（1）**非负性**　对于每一个事件 A, $P(A)\geqslant 0$；

（2）**规范性**　对于必然事件 U, $P(U)=1$；

（3）**可列可加性**　若可列无穷多个事件 $A_1,A_2,\cdots$ 是两两互不相容的,即当 $A_iA_j=\varnothing$（ $i\neq j,i,j=1,2,\cdots$）时,有

$$P(A_1\cup A_2\cup\cdots)=P(A_1)+P(A_2)+\cdots.$$

由定义可知,概率是随机事件的函数,可以得到概率的一些重要性质.

性质 7.1 $P(\varnothing) = 0$.

证明 令 $A_n = \varnothing (n = 1, 2, \cdots)$,则 $\bigcup\limits_{n=1}^{\infty} A_n = \varnothing$ 且 $A_i A_j = \varnothing, i \neq j, i, j = 1, 2, \cdots$. 由概率的可列可加性得

$$P(\varnothing) = P(\bigcup\limits_{n=1}^{\infty} A_n) = \sum\limits_{n=1}^{\infty} P(A_n),$$

而 $P(\varnothing) \geqslant 0$,故由上式得 $P(\varnothing) = 0$.

性质 7.2 若 $A_1, A_2, \cdots, A_n$ 是两两互不相容事件,则

$$P(A_1 \cup A_2 \cup \cdots \cup A_n) = \sum\limits_{i=1}^{n} P(A_i),$$

并称上式为概率的**有限可加性**.

证明 令 $A_{n+1} = A_{n+2} = \cdots = \varnothing$,则有 $A_i A_j = \varnothing, i \neq j, i, j = n+1, n+2, \cdots$. 由概率的可列可加性得
$$P(A_1 \cup A_2 \cup \cdots \cup A_n)$$

$$= P\left(\bigcup\limits_{k=1}^{\infty} A_k\right) = \sum\limits_{k=1}^{\infty} P(A_k)$$

$$= P(A_1) + P(A_2) + \cdots + P(A_n) + P(\varnothing) + P(\varnothing) + \cdots$$

$$= P(A_1) + P(A_2) + \cdots + P(A_n) = \sum\limits_{i=1}^{n} P(A_i).$$

性质 7.3 设 A, B 为两个事件,若 $A \subset B$,则
$$P(B-A) = P(B) - P(A), \quad P(B) \geqslant P(A).$$

证明 由 $A \subset B$ 知 $B = A \cup (B-A)$,且 $A \cap (B-A) = \varnothing$,则由性质 7.2 得
$$P(B) = P(B-A) + P(A),$$

即
$$P(B-A) = P(B) - P(A).$$

由概率公理化定义,$P(B-A) \geqslant 0$ 知 $P(B) \geqslant P(A)$.

性质 7.4 对任一事件 $A, P(A) \leqslant 1$.

证明 由于 $A \subset U$,由性质 7.3 可得 $P(A) \leqslant P(U) = 1$

性质 7.5(逆事件的概率) 对任一事件 $A, P(\overline{A}) = 1 - P(A)$.

证明 由于 $A \cup \overline{A} = U$,且 $A \cap \overline{A} = \varnothing$,则由性质 7.2 得
$$1 = P(U) = P(A \cup \overline{A}) = P(A) + P(\overline{A}),$$

即 $P(\overline{A}) = 1 - P(A)$.

性质 7.6(加法公式) 对任意两个事件 A, B,有
$$P(A \cup B) = P(A) + P(B) - P(AB).$$

证明 由于 $A \cup B = A \cup (B-AB)$,且 $A \cap (B-AB) = \varnothing$,则有
$$P(A \cup B) = P(A) + P(B-AB) = P(A) + P(B) - P(AB).$$

若随机试验 E 满足

(1)随机试验的样本空间中包含有限个基本事件,即

$$U = \{e_1, e_2, \cdots, e_n\};$$

（2）每个基本事件 $\{e_i\}$ 发生的可能性相同，

则称这种随机试验为**古典型随机试验**，它描述的模型称为**古典概型**.

在古典概型中很容易得到事件概率的计算公式.

设试验的样本空间为 $U = \{e_1, e_2, \cdots, e_n\}$，由于在试验中每个基本事件发生的可能性相等，则有

$$P(e_1) = P(e_2) = \cdots = P(e_n).$$

又由于基本事件是两两互不相容的，于是

$$1 = P(U) = P(e_1) + P(e_2) + \cdots + P(e_n) = nP(e_i),$$

故有

$$P(e_i) = \frac{1}{n}, \quad i = 1, 2, \cdots, n.$$

定义 7.4（概率的古典定义） 如果古典型随机试验的样本空间中含有 n 个基本事件，事件 A 中包含 k 个基本事件，则称

$$P(A) = \frac{k}{n} = \frac{A \text{ 中包含的基本事件数}}{U \text{ 中的基本事件总数}}$$

为事件 A 的发生的**概率**.

古典概率和统计概率一样，具有非负性、规范性和有限可加性。

例 5 将 N 个球随机地放入 n 个盒子（$n > N$），试求每个盒子最多有一个球的概率.

解 先求 N 个球随机地放入 n 个盒子的方法总数. 因为每个球都可以落入 n 个盒子中的任何一个，有 n 种不同的放法，所以 N 个球放入 n 个盒子共有

$$\underbrace{n \cdot n \cdot \cdots \cdot n}_{N} = n^N$$

种不同的放法.

设事件 $A = \{$每个盒子最多有一个球$\}$. 第一个球可以放入 n 个盒子之一，有 n 种放法；第二个球只能放入余下的 $n-1$ 个盒子之一，有 $n-1$ 种放法……第 N 个球只能放入余下的 $n-N+1$ 个盒子之一，有 $n-N+1$ 种放法，所以共有 $n(n-1)\cdots(n-N+1)$ 种不同的放法，故得事件 A 发生的概率为

$$P(A) = \frac{n(n-1)\cdots(n-N+1)}{n^N} = \frac{A_n^N}{n^N}.$$

有一些问题和例 5 具有相同的数学模型. 例如，假定一年按 365 天计算，每人的生日在一年 365 天中的任一天是等可能的，即发生的概率都等于 1/365，那么随机抽取 n（$n \leqslant 365$）个人，他们的生日各不相同的概率是多少？

令事件 $A = \{n$ 个人中至少有两个人的生日相同$\}$，则 $\overline{A} = \{n$ 个人的生日全不相同$\}$，而

$$P(\overline{A}) = \frac{365 \cdot 364 \cdot \cdots \cdot (365-n+1)}{365^n},$$

于是

$$P(A) = 1 - P(\overline{A}) = 1 - \frac{365 \cdot 364 \cdot \cdots \cdot (365-n+1)}{365^n}.$$

经计算可得下述结果:

n	20	30	40	50	64
$P(A)$	0.41	0.706	0.891	0.970	0.997

从上表可看出,在仅有 64 人的班级里,"至少有两人生日相同"这一事件的概率与 1 相差无几,因此,如果做调查的话,几乎总是会出现的. 读者不妨一试.

古典概型基本事件只有有限个,对于基本事件有无穷多个而又具有某种等可能性的随机事件,人们引进了几何概型.

设 Ω 是一个可以用长度、面积或体积等度量的区域,如果所投质点落在其中任意区域 G 内的可能性大小只与 G 的度量成正比,而与其位置和形状无关,则称这个随机试验为几何型随机试验,它描述的模型称为几何概型.

对于几何概型,可以通过几何度量来计算事件出现的可能性大小.

定义 7.5（概率的几何定义）　设 E 为几何型随机试验,其基本事件空间可以用一个有界区域 Ω 来描述,若记事件 A 为"质点落在 Ω 的子区域 A 内",设 $L(\Omega)$ 和 $L(A)$ 分别为 Ω 与 A 的几何度量,则事件 A 发生的概率定义为

$$P(A) = \frac{L(A)}{L(\Omega)}.$$

例 6（约会问题）　甲和乙约定在 7 点到 8 点之间见面,先到者应等候 20 min,过时即可离开,求两人会面的概率.

解　设事件 $A = \{$甲、乙约会成功$\}$,甲、乙到达约会地点的时刻分别为 x,y,以 7 点钟为 0 min,8 点钟为 60 min,则有 $0 \leqslant x,y \leqslant 60$,$A$ 发生的区域为 $A = \{(x,y) \mid |x-y| \leqslant 20\}$（图 7.1）.

样本空间 $\Omega = \{(x,y) \mid 0 \leqslant x,y \leqslant 60\}$,从而甲和乙能够相遇的概率为

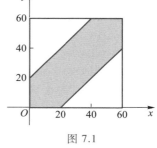

图 7.1

$$P(A) = \frac{L(A)}{L(\Omega)} = \frac{60^2 - 40^2}{60^2} = \frac{5}{9}.$$

概率的古典定义和几何定义以等可能性为基础,但实际问题中有很多情况不具有这种性质;统计定义虽然比较直观,但在理论上不够严密. 苏联数学家柯尔莫哥洛夫在总结前人成果的基础上于 1933 年给出了概率的公理化定义,此定义为概率论奠定了坚实的理论基础. 概率公理化体系是概率论发展史上的里程碑,其重要意义在于可以借助概率的公理化假设以及符号系统进行推演,获得重要性质和结论,实现对复杂随机事件的概率计算,进而研究复杂随机现象的规律.

7.1.3　问题的解决:对概率的理解

大雪节气乌鲁木齐降雪概率为 53.6%,其含义是指,从历年大雪节气期间降雪数据看,在约 15 天的大雪节气期间,乌鲁木齐平均降雪天数能达到 8 天,降雪概率超过五成;哈尔滨和长春在大雪节气期间的降雪概率大约为三成. 这里用到的就是频率法,相同条件下降雪的频率近似等于降雪的概率.

我们会发现天气预报中的降雪概率是在变化的,这是因为气象局会根据不断收集的新的气象信息,调整预报的概率,时间越远,预报得越不准确,时间越近,预报得越准确,这涉及后面即将学习的贝叶斯(Bayes)公式.现实生活中,还有很多这样的应用,比如股票预测、药品有效性预测等.

降雪概率的预测,其实就是综合应用频率和古典概型、几何概型等多种方法得到的结果,而严格的概率公理化定义为现代概率论的发展打下了坚实的基础,由此概率论才被数学界承认是数学的一个分支并迅速发展.

 拓展阅读2 概率公理化定义的建立

1900 年希尔伯特(Hilbert)在第二次国际数学家大会上发表了著名演说,提出了推动数学进一步发展的 23 个问题.其中第 6 个问题是:物理公理的数学处理,也包含概率论的公理化问题.1905 年,博雷尔(Borel)用测度论语言来表述概率论,为克服古典概率的弱点打开了大门,他还引入了可数事件集的概率填补了古典有限概率与几何概率之间的空白.自 1917 年起,伯恩斯坦(Bernstein)、凯恩斯(Keynes)、冯·米泽斯(von Mises)等相继提出了概率论的几种公理化体系.凯恩斯主张把任何命题如"明天下雨""土星上有生命"等都看成事件,把一事件的概率看成人们根据经验对该事件的可信程度,而与随机试验没有直接联系,故通常称为主观概率;以冯·米泽斯为代表的则是概率的频率理论学派.20 世纪初完成的勒贝格(Lebesgue)测度和勒贝格积分理论以及随后发展起来的抽象测度和积分理论,为概率论公理体系的确立奠定了理论基础.人们通过对概率的两个最基本的概念,即事件与概率的长期研究,发现事件的运算与集合的运算类似,概率与测度有相同的性质.到了 20 世纪 30 年代,随着大数定律研究的深入,概率论与测度论的联系越来越明显,正是在这种背景下从 20 世纪 20 年代中期起,苏联数学家柯尔莫哥洛夫开始从测度论途径探讨整个概率论理论的严格表述,1933 年其经典著作《概率论基础》出版.他在这部著作中提出了概率论的公理化结构,建立起集合测度与事件概率的类比、积分与数学期望的类比、函数正交性与随机变量独立性的类比等,从而为概率论赋予了演绎数学的特征.

柯尔莫哥洛夫提出的公理,使概率论成为一门严格的演绎科学,并通过集合论与其他数学分支有了密切的联系.在公理化基础上,现代概率论取得一系列理论突破,而概率论公理化一旦完成,就允许各种具体的解释.概率概念从频率解释中抽象出来,又可以从形式系统再回现实世界,概率论的应用范围也空前地拓广了.

习题 7.1

1. 设事件 A,B 都不发生的概率为 0.3,且 $P(A)+P(B)=0.8$,求 A,B 中至少有一个不发生的概率.

2. 已知 $P(A)=\dfrac{1}{2}$,

(1) 若事件 A,B 互不相容,求 $P(A\overline{B})$;

(2) 若 $P(AB)=\dfrac{1}{8}$,求 $P(A\overline{B})$.

3. 设 $P(A)=0.7$,$P(A-B)=0.3$,$P(B-A)=0.2$,求 $P(AB)$,$P(\overline{AB})$.

4. 设事件 A,B 互不相容,$P(A) = 0.4$.

(1) 若 $P(A \cup B) = 0.7$,求 $P(B)$;

(2) 若 $P(B) = 0.3$,求 $P(\overline{A}\,\overline{B})$,$P(\overline{A} \cup B)$.

5. 从 $1,2,3,\cdots,100$ 这 100 个整数中任取一个数,求被取到的数能被 3 或 4 整除的概率.

7.2　病毒检测问题

7.2.1　问题的引入:病毒检测"假阴性"问题

在医学上,核酸检测是诊断病毒感染的重要方法,通过核酸检测作大范围的筛查,可以尽快发现潜伏期的无症状感染者,降低传染的风险. 但是临床中发现会出现患者感染了病毒,核酸检测呈阴性,这种检测结果称为"假阴性". 这给病毒检测带来了一定的影响,那么应该如何计算"假阴性"的概率呢?

假设病毒的感染率为 1.3‰,现用核酸检测试剂进行检查. 已知被病毒感染的患者被诊断为阴性的概率为 0.4,未感染病毒的被测者检测结果均为阴性.如果一个人的核酸检测为阴性,那么这个人实际被感染的概率是多少?

为了解决这个问题,我们先要介绍条件概率、全概率公式和贝叶斯公式等内容.

7.2.2　问题的分析:条件概率和全概率公式

条件概率是研究在某个事件 A 已经发生的条件下另一个事件 B 发生的概率. 为了便于说明问题,我们先看一个例子.

例 1　在 $0,1,2,\cdots,9$ 这 10 个数中任取一个数,求下列事件的概率:

(1) 取得的数是奇数;

(2) 已知取得数字大于 4,取得的数是奇数.

解　样本空间 $U = \{0,1,2,\cdots,9\}$. 设事件 A 表示"取得的数大于 4";事件 B 表示"取得的是奇数",则

$$A = \{5,6,7,8,9\}, \quad B = \{1,3,5,7,9\}.$$

(1) 显然,$P(B) = \dfrac{5}{10} = \dfrac{1}{2}$.

(2) 现已知 A 已经发生,故所有可能结果所组成的集合为 A,而 A 的子集 $\{5,7,9\} \subset B$. 若将已知 A 已发生的条件下 B 发生的概率记为 $P(B \mid A)$,则 $P(B \mid A) = \dfrac{3}{5}$.

我们看到 $P(B) \neq P(B \mid A)$,这说明条件概率和无条件概率一般是不相等的.

一般地,设 U 为古典型随机试验 E 的样本空间,A,B 是两个事件,基本事件(即 U 的样本点)的总数为 n,A 所包含的基本事件数为 m,AB 所包含的基本事件数为 k,则有

$$P(B \mid A) = \frac{k}{m} = \frac{k/n}{m/n} = \frac{P(AB)}{P(A)}.$$

由此,我们给出下面的定义.

定义 7.6 设 A,B 是两个事件,且 $P(A)>0$,称

$$P(B\mid A)=\frac{P(AB)}{P(A)}$$

为在事件 A 发生的条件下事件 B 发生的**条件概率**.

不难验证,条件概率满足概率定义中所要求的三个条件,即

(1) $P(B\mid A)\geqslant 0$;

(2) $P(U\mid A)=1$;

(3) $P\left(\bigcup_{i=1}^{\infty}B_i\mid A\right)=\sum_{i=1}^{\infty}P(B_i\mid A)$,其中 $B_1,B_2,\cdots$ 是两两互不相容事件.

因此,不难导出条件概率也满足概率的其他一些性质,例如

$$P(B_1\cup B_2\mid A)=P(B_1\mid A)+P(B_2\mid A)-P(B_1B_2\mid A).$$

例 2 口袋中装有 8 只红球,5 只白球,无放回地取球两次,每次取一只,求:

(1) 在第一次取到红球的条件下,第二次取到红球的概率;

(2) 在第一次取到白球的条件下,第二次取到红球的概率.

解 设事件 A 表示"第一次取到红球",事件 B 表示"第一次取到白球",事件 C 表示"第二次取到红球",则易知

$$P(A)=\frac{8}{13},\quad P(B)=\frac{5}{13},\quad P(AC)=\frac{8\times 7}{13\times 12},\quad P(BC)=\frac{5\times 8}{13\times 12}.$$

因此

$$P(C\mid A)=\frac{P(AC)}{P(A)}=\frac{7}{12},$$

$$P(C\mid B)=\frac{P(BC)}{P(B)}=\frac{2}{3}.$$

本题也可以直接按条件概率的含义来计算.我们知道 A 发生后,口袋中还有 7 只红球与 5 只白球,因此第二次取到红球的所有可能的结果共有 7 种,因此

$$P(C\mid A)=\frac{7}{7+5}=\frac{7}{12}.$$

同样可得 $P(C\mid B)=\frac{2}{3}$.

例 3 某种动物出生之后活到 20 岁的概率为 0.7,活到 25 岁的概率为 0.56,求现年为 20 岁的这种动物活到 25 岁的概率.

解 设事件 A 表示"这种动物活到 20 岁",事件 B 表示"这种动物活到 25 岁",则由题设

$$P(A)=0.7,\quad P(B)=0.56,$$

且 $B\subset A$,得

$$P(B\mid A)=\frac{P(AB)}{P(A)}=\frac{P(B)}{P(A)}=\frac{0.56}{0.7}=0.8.$$

由条件概率很容易得到乘法定理:

定理 7.1（概率的乘法公式） 设 $P(A)>0$，则有
$$P(AB)=P(A)P(B\mid A).$$

定理 7.1 可以推广到多个事件的积的情况. 例如，设 A,B,C 为事件，且 $P(AB)>0$，则有
$$P(ABC)=P(A)P(B\mid A)P(C\mid AB).$$

在这里，用到了 $P(A)\geqslant P(AB)>0$.

例 4 设在 12 道考题中有 5 道难题，甲、乙、丙按先后顺序从中分别抽一道题，问甲、乙、丙都抽不到难题的概率是多少？

解 设事件 A,B,C 分别表示甲、乙、丙抽不到难题，则 ABC 表示三人都没有抽到难题. 由于
$$P(A)=\frac{7}{12},\quad P(B\mid A)=\frac{6}{11},\quad P(C\mid AB)=\frac{5}{10},$$

所以
$$P(ABC)=P(A)P(B\mid A)P(C\mid AB)=\frac{7}{12}\times\frac{6}{11}\times\frac{5}{10}=\frac{7}{44}.$$

我们希望由已知的简单事件计算出某一复杂事件的概率. 为了达到这个目的，经常把一个复杂事件分解为若干个互不相容的简单事件之和，再通过计算这些简单事件的概率得到最后结果.

定义 7.7 设 U 为试验 E 的样本空间，若事件 $B_1,B_2,\cdots,B_n$ 满足

（1）$B_iB_j=\varnothing$，$i\neq j,i,j=1,2,\cdots,n$；

（2）$\bigcup_{i=1}^{n}B_i=U$，

则称事件 $B_1,B_2,\cdots,B_n$ 为样本空间 U 的一个分割. 在每次试验中，事件 $B_1,B_2,\cdots,B_n$ 有且仅有一个发生.

定理 7.2（全概率公式） 设试验 E 的样本空间为 U，事件 $B_1,B_2,\cdots,B_n$ 为 U 的一个分割，且 $P(B_i)>0(i=1,2,\cdots,n)$，则对任一事件 A 有
$$P(A)=P(B_1)P(A\mid B_1)+P(B_2)P(A\mid B_2)+\cdots+P(B_n)P(A\mid B_n).$$

上式称为**全概率公式**.

证明 由于 $\bigcup_{i=1}^{n}B_i=U$，因此 $A=AU=A\left(\bigcup_{i=1}^{n}B_i\right)=\bigcup_{i=1}^{n}AB_i$. 而 AB_i 与 $AB_j(i\neq j)$ 互不相容，再根据假设 $P(B_i)>0(i=1,2,\cdots,n)$ 则有

$$P(A)=P\left(\bigcup_{i=1}^{n}AB_i\right)=\sum_{i=1}^{n}P(AB_i)=\sum_{i=1}^{n}P(B_i)P(A\mid B_i)$$
$$=P(B_1)P(A\mid B_1)+P(B_2)P(A\mid B_2)+\cdots+P(B_n)P(A\mid B_n).$$

例 5 播种用的小麦种子中混合有 2% 的二等种子，1.5% 的三等种子，1% 的四等种子，其余为一等种子. 用一等、二等、三等、四等种子长出的穗含 50 颗以上麦粒的概率分别为 0.5，0.15，0.1，0.05. 现从这批种子中任取一颗，求这颗种子所结的穗含 50 颗以上麦粒的概率.

解 设从这批种子中任取一颗是一等、二等、三等、四等种子的事件分别为 A_1,A_2,A_3,A_4，则它们构成样本空间的一个分割. 从这批种子中任取一颗，用事件 B 表示"这颗种子所结的穗含有 50 颗以上麦粒"，则由全概率公式得

$$P(B) = \sum_{i=1}^{4} P(A_i) P(B \mid A_i)$$

$$= 95.5\% \times 0.5 + 2\% \times 0.15 + 1.5\% \times 0.1 + 1\% \times 0.05$$

$$= 0.482\ 5.$$

定理 7.3（贝叶斯公式） 设试验 E 的样本空间为 U，A 为 E 的事件，$B_1, B_2, \cdots, B_n$ 为 U 的一个分割，且 $P(A) > 0$，$P(B_i) > 0 (i = 1, 2, \cdots, n)$，则有

$$P(B_i \mid A) = \frac{P(B_i) P(A \mid B_i)}{\sum_{j=1}^{n} P(B_j) P(A \mid B_j)}.$$

证明 由条件概率定义及全概率公式，即可得

$$P(B_i \mid A) = \frac{P(B_i A)}{P(A)} = \frac{P(B_i) P(A \mid B_i)}{\sum_{j=1}^{n} P(B_j) P(A \mid B_j)}, \quad i = 1, 2, \cdots, n.$$

其中 $P(B_i)$ 称为先验概率，这种概率一般在试验前就是已知的，它常常是以往经验的总结；$P(B_i \mid A)$ 称为后验概率，它反映了试验之后得到的关于各种原因发生的可能性大小. 贝叶斯公式实际上就是根据先验概率求后验概率的公式.

例 6 设一家制造厂所用的某种配件是由甲、乙、丙三家工厂提供的，每个工厂提供的份额分别占总数的 30%，45%，25%，且各工厂的次品率依次为 3%，2%，5%. 现从仓库中随机取出一件配件，

（1）求它是次品的概率；

（2）若已知取得的是次品，求它是甲工厂提供的产品的概率.

解 设事件 A 表示"取得产品为次品"，事件 B_1, B_2, B_3 分别表示取得的配件是甲、乙、丙工厂提供的，则由题设条件可知

$$P(B_1) = 30\%, \quad P(B_2) = 45\%, \quad P(B_3) = 25\%,$$

$$P(A \mid B_1) = 3\%, \quad P(A \mid B_2) = 2\%, \quad P(A \mid B_3) = 5\%.$$

（1）由全概率公式得

$$P(A) = P(B_1) P(A \mid B_1) + P(B_2) P(A \mid B_2) + P(B_3) P(A \mid B_3) = 0.030\ 5.$$

（2）由贝叶斯公式有

$$P(B_1 \mid A) = \frac{P(B_1 A)}{P(A)} = \frac{P(A \mid B_1) P(B_1)}{P(A)} = \frac{0.03 \times 0.3}{0.030\ 5} = 0.295\ 1.$$

全概率公式和贝叶斯公式体现了某些事件对试验结果的贡献率大小，从而对我们做出某种决策有很大的帮助.

我们还会遇到一种情况，即一个事件发生与否，对另一个事件发生的概率没有影响，这就是事件的独立性.

例 7 一个袋中装有 s 只红球，t 只白球，采用有放回地摸球，设事件 A 表示"第一次摸到红球"，事件 B 表示"第二次摸到红球"，则

$$P(A) = \frac{s}{s+t}, \quad P(B) = \frac{s}{s+t},$$

$$P(AB) = P(B \mid A)P(A) = \frac{s^2}{(s+t)^2}.$$

因此，$P(B \mid A) = \dfrac{s}{s+t}$，即 $P(B) = P(B \mid A)$，这意味着事件 A 发生与否，对事件 B 发生的概率没有影响，可以说事件 A 与事件 B 的发生有某种"独立性".

定义 7.8　设 A,B 是两个事件，如果
$$P(AB) = P(A)P(B),$$
则称事件 A 与 B 是**相互独立的**，简称 A,B **独立**.

按照定义，容易证明下面的定理：

定理 7.4　如果事件 A,B 相互独立，则事件 A 与 $\overline{B}$，$\overline{A}$ 与 B，$\overline{A}$ 与 $\overline{B}$ 也相互独立.

证明

$$P(A\overline{B}) = P(A-B) = P(A-AB) = P(A) - P(AB)$$
$$= P(A) - P(AB) = P(A)[1-P(B)] = P(A)P(\overline{B}),$$

即知事件 A 与 $\overline{B}$ 相互独立，同理 $\overline{A}$ 与 B，$\overline{A}$ 与 $\overline{B}$ 也相互独立.

注　（1）若 4 对事件 $\{A,B\}$，$\{\overline{A},B\}$，$\{A,\overline{B}\}$，$\{\overline{A},\overline{B}\}$ 中有一对是相互独立的，则另外三对也相互独立；

（2）若 $P(A)>0$，$P(B)>0$，则 A,B 相互独立与 A,B 互不相容不能同时成立.

由独立性的定义，易得下述定理.

定理 7.5　若事件 A,B 相互独立，且 $P(A)>0$，$P(B)>0$ 则
$$P(B \mid A) = P(B), \quad P(A \mid B) = P(A).$$

下面将独立性的概念推广到三个事件的情况.

定义 7.9　设 A,B,C 是三个事件，如果满足：
$$P(AB) = P(A)P(B),$$
$$P(BC) = P(B)P(C),$$
$$P(AC) = P(A)P(C),$$
则称事件 A,B,C 是**两两独立**的.

一般地，当事件 A,B,C 两两独立时，等式
$$P(ABC) = P(A)P(B)P(C)$$
不一定成立.

定义 7.10　设 A,B,C 是三个事件，如果满足定义 7.9 及
$$P(ABC) = P(A)P(B)P(C),$$
则称事件 A,B,C 是**相互独立的**.

在实际应用中，对于事件的独立性，往往不是根据定义来判断，而是根据实际意义加以判断.

例 8　一位工人照看 3 台机床，在 1 h 之内甲、乙、丙 3 台机床需要照看的概率分别为 0.9，0.8，0.85，求

（1）在 1 h 之内没有机床需要照看的概率；

（2）在 1 h 之内至少有 1 台机床不需要照看的概率.

解 设事件 A, B, C 分别表示甲、乙、丙 3 台机床需要照看，由问题的实际意义知事件 A, B, C 是相互独立的，则

（1）所求概率为

$$P(\overline{A}\,\overline{B}\,\overline{C}) = P(\overline{A})P(\overline{B})P(\overline{C}) = (1-0.9)(1-0.8)(1-0.85) = 0.003;$$

（2）所求概率为

$$P(\overline{A} \cup \overline{B} \cup \overline{C}) = P(\overline{ABC}) = 1 - P(ABC) = 1 - P(A)P(B)P(C)$$

$$= 1 - 0.9 \times 0.8 \times 0.85 = 0.388.$$

7.2.3 问题的解决：病毒检测"假阴性"概率计算

设事件 A 为"被测者感染病毒"，事件 B 为"检测呈阴性"，则先验概率

$$P(A) = 0.001\,3, \quad P(\overline{A}) = 0.998\,7.$$

由题设，检测可靠性 $P(B \mid A) = 0.4$，$P(B \mid \overline{A}) = 1.0$，由图 7.2 可见，假阴性的概率

$$P(A \mid B) = \frac{P(A)P(B \mid A)}{P(A)P(B \mid A) + P(\overline{A})P(B \mid \overline{A})}$$

$$= \frac{0.001\,3 \times 0.4}{0.001\,3 \times 0.4 + 0.998\,7 \times 1} = 0.52‰.$$

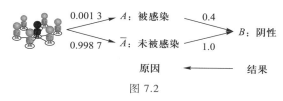

图 7.2

显然，后验概率 $P(A \mid B)$ 小于先验概率 $P(A)$，每 10 000 个阴性的检测者中约有 5 人"假阴性". 如果继续这个过程，将 0.52‰ 看成先验概率，通过同样的方法可以计算出此时的后验概率. 即设先验概率 $P(A) = 0.000\,52$，$P(\overline{A}) = 0.999\,48$；检测可靠性

$$P(B \mid A) = 0.4, \quad P(B \mid \overline{A}) = 1.0,$$

则"假阴性"概率

$$P(A \mid B) = \frac{P(A)P(B \mid A)}{P(A)P(B \mid A) + P(\overline{A})P(B \mid \overline{A})}$$

$$= \frac{0.000\,052 \times 0.4}{0.000\,052 \times 0.4 + 0.999\,48 \times 1} = 0.208‰.$$

可以看出，每 10 000 个阴性的检测者中约有 2 人"假阴性"，通过迭代降低了"假阴性"概率.

尽管病毒比较狡猾，通过增加检测次数的方法可以降低"假阴性"的概率，再配合其他辅助诊断等多种手段配合检测，可以最大限度地控制病毒的传播风险.

拓展阅读3 贝叶斯公式和人工智能

18世纪英国数学家贝叶斯在为解决一个"逆向概率"问题而写的一篇论文中给出了贝叶斯公式.在贝叶斯写文章之前,人们已经能够计算"正向概率".举个例子:假设一个袋子里有 N 个红球和 N 个白球,伸手随机摸一个,摸出红球的概率是多大? 显然摸出红球的概率是 $\frac{1}{2}$,这就是正向概率.那么"逆向概率"是什么? 如果我们事先并不知道袋子里红球和白球的比例,而是摸出一些球,然后根据手中红球和白球的比例对袋子里红球和白球的比例做出推测,这就是"逆向概率"事件.也就是说,当不能准确知悉一个事物的本质时,可以依靠经验去判断其本质属性.贝叶斯公式建立在主观判断的基础上,根据该公式可以先估计一个值,然后根据客观事实不断修正.

贝叶斯公式在人工智能领域有很重要的应用,特别是自然语音的识别技术体现了人工智能的强大优势.自然语言处理就是让计算机代替人来翻译语言、认识文字和进行海量文献的自动检索.但是,人类的语言可以说是信息里最复杂的一部分.人们最初想到的方法是让计算机学习人类的语法、分析语句,等等.尤其是在乔姆斯基(Chomsky)提出"形式语言"以后,人们更坚定了利用语法规则的办法进行文字处理的信念.但是,几十年过去了,在计算机语言处理领域,基于语法规则的研究几乎毫无突破.

世界著名自然语言处理专家贾里尼克(Jelinek)提出了基于统计的语音识别的框架,这个框架结构对语言处理有着深远的影响.贾里尼克利用数学方法解决自然语言处理问题,他认为语音识别就是根据接收到的一个信号序列推测说话人实际发出的信号序列(说的话)和要表达的意思.这就把语音识别问题转化为一个通信问题,而且进一步简化为用贝叶斯公式处理的数学问题.

习题 7.2

1. 已知 $P(\overline{A}) = 0.3, P(B) = 0.4, P(A\overline{B}) = 0.5$,求 $P(B \mid A \cup \overline{B})$.

2. 投掷两颗骰子,已知两颗骰子点数之和为7,求其中有一颗点数为1点的概率.

3. 某光学仪器厂制造的透镜,在第一次落下时打破的概率是 $\frac{1}{2}$;若第一次落下未打破,第二次落下时打破的概率是 $\frac{7}{10}$;若前两次落下未打破,第三次落下时打破的概率是 $\frac{9}{10}$.如果透镜落下三次,它未打破的概率是多少?

4. 据以往资料表明,某一个三口之家,患某种传染病的概率有以下规律:

$$P(孩子患病) = 0.6, \quad P(母亲患病 \mid 孩子患病) = 0.5, \quad P(父亲患病 \mid 孩子患病) = 0.4,$$
求母亲及孩子患病但父亲未患病的概率.

5. 某厂生产的产品是由甲、乙、丙三个车间生产的,每个车间的产量分别占总产量的15%,80%,5%,而产品中的良品率分别为98%,99%,97%.今将这些产品混在一起,从中随机地抽取一个产品,问此产品是次品的概率为多少?

第 8 章

随机变量及其数字特征

在前一章的学习中,我们在样本空间的基础上研究了随机事件及其概率.我们看到,一些随机试验的结果可以用数表示,还有一些随机试验的结果不能用数表示.当结果不是数时,对随机试验的样本空间就不便于研究了.因此,为了研究一些复杂随机现象的统计规律性,我们需要把随机现象的结果数量化.本章主要介绍一维随机变量,离散型随机变量的分布律、分布函数和连续型随机变量的概率密度、分布函数及随机变量函数的概率分布.

8.1　电脑的开机速度问题

8.1.1　问题的引入:电脑的开机速度问题

打开电脑时,电脑桌面可能会出现信息"开机时间为 21 秒,打败了全国 97% 的用户",从直观看,电脑开机速度在全国位于前 3% 的位置.那这个 97% 的数值又是怎么来的呢?是将全国所有电脑的开机时间都收集起来进行排序吗?显然收集所有数据不太现实,这需要用数学的方法构建了一个数学模型进行计算.

在生活中还有很多和开机速度相似的问题,比如学生身高和体重、学生成绩、基金公司的收益,等等,这些看似复杂的事件背后都藏着这样一个数学模型——正态分布.下面先介绍相关概念.

8.1.2　问题的分析转化:随机变量的概念

为了理解随机变量这一重要概念,首先看几个例子.

例 1　投掷一枚硬币,观察正反面出现的情况,所有可能出现的结果有两个:正面 H,反面 T.样本空间 $U=\{H,T\}$.人们希望以数量形式描述随机试验的结果.为此,可以用 X 表示正面出现的次数,则 X 为一个变量,X 所有可能取的值为 $0,1$.X 的取值由随机试验的结果确定.出现 H,则 X 取值为 1;出现 T,则 X 的取值为 0.所以,X 相当于定义在样本空间 U 上的函数,即

$$X(e)=\begin{cases}1, & e=\mathrm{H},\\ 0, & e=\mathrm{T}.\end{cases}$$

例 2　电话总机在时间段 $(0,T)$ 内收到呼叫的次数是 $0,1,2,\cdots$.它的样本空间 $U=\{0,1,$

$2,\cdots\}$. 这样我们可以引入随机变量 X 满足

$$X(k)=k, \quad k=0,1,2,\cdots.$$

例3 从一批电子器件中任取一只,测试其使用寿命.样本空间 $U=\{t\mid t\geqslant 0\}$,若用 X 表示使用寿命,则 X 的取值也是由随机试验的结果确定的,即 $X(t)=t(t\in[0,+\infty))$,X 为定义在样本空间 U 上的函数.

上述几个例子中引入的变量 X,尽管具体内容不同,却有共同之处,X 的取值都是由随机试验的结果而确定的.由于试验的结果出现是随机的,因而变量 X 的取值也是随机的.一个试验对应一个变量 X,试验的每个结果对应变量 X 的一个取值.因此,X 实际为定义在样本空间 U 上基本事件 e 的函数.

定义 8.1 设 E 是随机试验,其样本空间 $U=\{e\}$,如果对于每一个基本事件 $e\in U$,都有唯一的一个实数 $X(e)$ 与之对应,则称 $X(e)$ 为**随机变量**,简记为 X.

我们一般以大写字母 $X,Y,Z,\cdots$ 表示随机变量.按照随机变量的取值情况可以分为离散型随机变量和非离散型随机变量.

定义 8.2 若随机变量 X 的所有可能取值是有限个或可列无限多个,则称 X 为**离散型随机变量**.

研究离散型随机变量 X 的统计规律,不仅要知道 X 能够取哪些值,还要知道 X 取每一个可能值时的概率.

定义 8.3 设离散型随机变量 X 所有可能取的值为 $x_k(k=1,2,\cdots)$,则称 X 取各个可能值的概率

$$P(X=x_k)=p_k, \quad k=1,2,\cdots$$

为离散型随机变量 X 的**概率分布或分布律(列)**,记为 $\{p_k\}$.分布律也可用如下表格来表示:

X	x_1	x_2	$\cdots$	x_n	$\cdots$
p_k	p_1	p_2	$\cdots$	p_n	$\cdots$

显然分布律 $\{p_k\}$ 满足:

(1) $p_k\geqslant 0,k=1,2,\cdots$;

(2) $\sum_{k=1}^{\infty}p_k=1$.

例4 袋中装有9个白球和1个红球,每次从袋中任取一个球,观察其颜色后放回,用 X 表示首次取到红球时取球的次数,求 X 的分布律.

解 X 的所有可能取到的值为 $1,2,\cdots$,$X=k$ 表示"第 k 次取的是红球,同时前 $k-1$ 次取的均为白球",故有

$$P(X=k)=\left(\frac{9}{10}\right)^{k-1}\frac{1}{10}, \quad k=1,2,\cdots.$$

下面介绍三种重要的离散型随机变量的概率分布.

定义 8.4 若 X 只可能取0与1两个值,它的分布律为

$$P(X=k)=p^k(1-p)^{1-k}, \quad k=0,1(0<p<1),$$

则称 X 服从以 p 为参数的(0-1)**分布**,或**两点分布**.

（0-1）分布的分布律也可写成如下表格的形式：

X	1	0
p_k	p	$1-p$

一个随机试验，如果它的样本空间只包含两个元素，即 $U = \{e_1, e_2\}$，那么总能在 U 上定义一个服从（0-1）分布的随机变量：

$$X = X(e) = \begin{cases} 1, & e = e_1, \\ 0, & e = e_2, \end{cases}$$

并用它描述该随机试验的结果．（0-1）分布是经常遇到的一种分布，例如新生婴儿的性别，产品的质量是否合格等，都可以用服从（0-1）分布的随机变量来描述．

定义 8.5 若随机变量 X 的分布律为

$$P(X = k) = C_n^k p^k (1-p)^{n-k}, \quad k = 0, 1, \cdots, n.$$

则称 X 服从以 n, p 为参数的**二项分布**或**伯努利（Bernoulli）分布**，记为 $X \sim B(n, p)$．

设随机试验 E 只有两种可能的结果 A 及 $\overline{A}$，即事件 A 出现和不出现．记

$$P(A) = p, P(\overline{A}) = 1 - p = q \quad (0 < p < 1).$$

现将随机试验 E 独立地重复地进行 n 次，而每次试验中，事件 A 出现与否不依赖于其他各次试验的结果，这种重复的独立试验称为 n **重伯努利试验**．

以 X 表示 n 重伯努利试验中事件 A 出现的次数，则 X 为一个随机变量．在 n 重伯努利试验中，事件 A 出现 k 次的概率为

$$P(X = k) = C_n^k p^k q^{n-k}, \quad k = 0, 1, \cdots, n.$$

特别地，当 $n = 1$ 时，二项分布为

$$P(X = k) = p^k q^{1-k}, \quad k = 0, 1.$$

故当 X 服从（0-1）分布时，常记为 $X \sim B(1, p)$．

例 5 已知某一大批元件的一级品率为 0.2，现从中随机地抽查 20 只，问其中恰有 k 只（$0 \leqslant k \leqslant 20$）一级品的概率是多少？

解 由于元件的总数很大且取出元件的数量相对元件总数来说又很小，因而可以当成有放回抽样处理．现从中随机抽查 20 只相当于做 20 重伯努利试验，用 X 表示 20 只元件中一级品的数量，则 X 为随机变量，且 $X \sim B(20, 0.2)$．可知

$$P(X = k) = C_{20}^k (0.2)^k (0.8)^{20-k}, \quad k = 0, 1, \cdots, 20.$$

现将计算结果列出如下：

$$P(X = 0) = 0.012, \quad P(X = 1) = 0.058, \quad P(X = 2) = 0.137, \quad P(X = 3) = 0.205,$$
$$P(X = 4) = 0.218, \quad P(X = 5) = 0.175, \quad P(X = 6) = 0.109, \quad P(X = 7) = 0.055,$$
$$P(X = 8) = 0.022, \quad P(X = 9) = 0.007, \quad P(X = 10) = 0.002.$$

当 $k \geqslant 11$ 时，$P(X = k) < 0.001$．

由此可以看出，当 k 增加时，其对应的概率先是单调增加，达到最大值，随后又单调减少．一般地，对固定的 n, p，二项分布 $B(n, p)$ 都具有这一性质，且容易证明，当 k 等于 $(n+1)p$ 的整数部分时，其对应的概率达到最大值．

定义 8.6　若随机变量 X 的分布律为

$$P(X=k) = \frac{\lambda^k}{k!}e^{-\lambda}, \quad k=0,1,2,\cdots,$$

其中 $\lambda > 0$ 是常数,则称 X 服从参数为 λ 的**泊松(Poisson)分布**,记为 $X \sim P(\lambda)$.

泊松分布也是一个常见的分布.如一段时间内某商店的顾客数,电话交换台每分钟接到的呼唤次数等都服从泊松分布.

例 6　电话交换台每分钟接受的呼唤次数 $X \sim P(3)$,求在 1 min 内呼唤次数不超过 1 的概率.

解　因为 $X \sim P(3)$,所以

$$P(X=k) = \frac{3^k}{k!}e^{-3}, \quad k=0,1,2,\cdots,$$

于是,$P(X \leq 1) = P(X=0) + P(X=1) = e^{-3} + 3e^{-3} \approx 0.199$.

下面介绍二项分布与泊松分布的关系.

设随机变量 $X \sim B(n,p)$,有时直接计算用 X 描述的某些事件的概率相当麻烦.1837 年,法国数学家泊松发现,现实生活里,大量重复试验中发生的小概率事件可以近似地用泊松分布来描述,即当 n 很大且 p 很小时,服从二项分布 $X \sim B(n,p)$ 的随机变量 X 近似地服从参数为 $\lambda = np$ 的泊松分布.例如,某公司一个月内发生的事故数,某种罕见病的发病人数,某本书中每页出现的错字数,某地一周内发生意外事件(如车祸、火灾)的次数等,都近似服从泊松分布.详细证明可参考工科概率论教材.

例 7　根据以往数据,某大型综合医院在一天内每 200 名就医患者中有 1 名是心脏病患者.设各位患者的病情相互独立,则该医院在一天内 1 000 名患者中至少有 3 名是心脏病患者的概率有多大?

解　设该医院在一天内 1 000 名患者中有 X 名是心脏病患者,则

$$X \sim B\left(1\,000, \frac{1}{200}\right).$$

将随机变量 X 看成服从泊松分布进行近似计算,则 $\lambda = np = 1\,000 \times \frac{1}{200} = 5$,即

$$P(X=k) = C_{1\,000}^{k}\left(\frac{1}{200}\right)^k\left(1 - \frac{1}{200}\right)^{1\,000-k} \approx \frac{5^k}{k!}e^{-5},$$

$$\begin{aligned}
P(X \geq 3) &= 1 - P(X < 3) \\
&= 1 - P(X=0) - P(X=1) - P(X=2) \\
&\approx 1 - \frac{e^{-5}}{0!} - \frac{5e^{-5}}{1!} - \frac{5^2 e^{-5}}{2!} = 0.875\,3.
\end{aligned}$$

与离散型随机变量取值至多可列不同,一些随机变量的取值可以充满某个区间.例如,某射手射击,用 X 表示弹着点与靶心的距离,则 X 为随机变量.相比考虑 X 取某个值的概率,人们更关心的是 X 落在某个范围内的概率,由此,给出下面的定义.

定义 8.7　如果对于随机变量 X,存在非负的可积函数 $f(x)$ $(-\infty < x < +\infty)$,使对任意 a,b $(a < b)$ 都有

$$P(a < X \leq b) = \int_a^b f(x)\,\mathrm{d}x,$$

则称 X 为**连续型随机变量**,称 $f(x)$ 为 X 的**概率密度函数**,简称**概率密度**.

显然概率密度具有下列性质:

(1) $f(x) \geqslant 0$;

(2) $\int_{-\infty}^{+\infty} f(x) \mathrm{d}x = 1$.

下面,介绍几种常见的连续型随机变量.

定义 8.8(均匀分布) 若连续型随机变量 X 具有概率密度

$$f(x) = \begin{cases} \dfrac{1}{b-a}, & a<x<b, \\ 0, & \text{其他}, \end{cases}$$

则称 X 在区间 (a,b) 上服从**均匀分布**,记为 $X \sim U(a,b)$.

对于均匀分布的随机变量 X,它落在区间 (a,b) 中任意长度相等的子区间内的概率相同. 事实上,对于任意长度为 l 的子区间 $(c,c+l)$ $(a<c<c+l \leqslant b)$,有

$$P(c < X \leqslant c + l) = \int_{c}^{c+l} \frac{1}{b-a} \mathrm{d}x = \frac{l}{b-a}.$$

区间 (a,b) 上均匀分布的概率密度函数 $f(x)$ 的图形如图 8.1 所示.

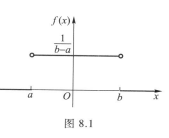

图 8.1

在实际问题中,服从均匀分布的例子是很多的.例如在计算机中整数的舍入误差 X 是一个在 $(-0.5,0.5)$ 上服从均匀分布的随机变量;某电台每隔 20 min 发出一个信号,那么等待时间 X(单位:min)是在 $[0,20]$ 上服从均匀分布的随机变量. 下面看一个均匀分布的例子.

例 8 某公共汽车的起点站每隔 5 min 发出一辆公共汽车,而乘客在任意时刻到达车站都是可能的. 求乘客候车时间不超过 4 min 的概率.

解 设随机变量 X 表示乘客候车的时间,则 X 在 $[0,5]$ 上服从均匀分布,其概率密度为

$$f(x) = \begin{cases} \dfrac{1}{5}, & 0 \leqslant x \leqslant 5, \\ 0, & \text{其他}, \end{cases}$$

故有

$$P(0 \leqslant X \leqslant 4) = \int_{0}^{4} f(x) \mathrm{d}x = \int_{0}^{4} \frac{1}{5} \mathrm{d}x = \frac{4}{5}.$$

定义 8.9(指数分布) 若连续型随机变量 X 具有概率密度

$$f(x) = \begin{cases} \dfrac{1}{\theta} \mathrm{e}^{-\frac{x}{\theta}}, & x>0, \\ 0, & x \leqslant 0, \end{cases}$$

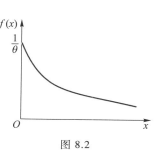

图 8.2

其中 $\theta>0$ 为常数,则称 X 服从参数为 θ 的**指数分布**.

参数为 θ 的指数分布的概率密度函数 $f(x)$ 的图形如图 8.2 所示.

例 9　设某产品的使用寿命服从参数为 θ 的指数分布. 求产品使用时间至少为 t_0 的概率.

解　以随机变量 X 表示该产品的使用寿命, 则

$$P(X \geqslant t_0) = 1 - P(X < t_0) = 1 - \int_0^{t_0} \frac{1}{\theta} \mathrm{e}^{-\frac{x}{\theta}} \mathrm{d}x = \mathrm{e}^{-\frac{t_0}{\theta}}.$$

指数分布是可靠性理论中常见的一种分布, 如电路中的保险丝、窗户上的玻璃、宝石轴承等的使用寿命, 都服从指数分布.

定义 8.10（正态分布）　设连续型随机变量 X 的概率密度为

$$f(x) = \frac{1}{\sqrt{2\pi}\,\sigma} \mathrm{e}^{-\frac{1}{2\sigma^2}(x-\mu)^2}, \quad -\infty < x < +\infty,$$

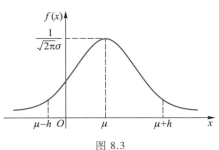

图 8.3

其中 $\sigma > 0$, σ, μ 为常数, 则称 X 服从参数为 σ, μ 的正态分布, 记为 $X \sim N(\mu, \sigma^2)$.

参数为 σ, μ 的正态分布的概率密度函数 $f(x)$ 的图形如图 8.3 所示.

可以看出, $f(x)$ 具有以下性质:

（1）曲线关于 $x = \mu$ 对称, 这表明对于任意的 $h > 0$ 有

$$P(\mu - h < X \leqslant \mu) = P(\mu < X \leqslant \mu + h).$$

（2）$f(x)$ 在 $(-\infty, \mu]$ 上严格单调上升, 在 $(\mu, +\infty)$ 上严格单调下降; 当 $x = \mu$ 时, 函数 $f(x)$ 达到最大值 $f(\mu) = \dfrac{1}{\sqrt{2\pi}\,\sigma}$; 当 $x \to -\infty$ 或 $x \to +\infty$ 时, $f(x) \to 0$. 这表明当 σ 越小时图形变得越尖, 因而 X 落在 μ 附近的概率越大.

特别地, 当 $\mu = 0$, $\sigma = 1$ 时, 称 X 服从标准正态分布, 记为 $X \sim N(0,1)$, 其概率密度函数用 $\varphi(x)$ 表示, 即有

$$\varphi(x) = \frac{1}{\sqrt{2\pi}} \mathrm{e}^{-\frac{x^2}{2}}, \quad -\infty < x < +\infty.$$

正态分布是一个最重要、最常用的分布. 在自然现象和社会现象中, 有大量的随机变量都服从或近似地服从正态分布. 在许多实际应用问题中, 服从正态分布的随机变量起着特别重要的作用.

8.1.3　问题的深入: 分布函数

在前面的讨论中, 对于离散型随机变量定义了分布律; 对于连续型随机变量定义了概率密度, 下面将给出一个统一的描述形式: 分布函数.

定义 8.11　设 X 是一个随机变量, x 是任意实数, 函数

$$F(x) = P(X \leqslant x)$$

称为 X 的分布函数.

易知, 对于任何实数 $x_1, x_2 (x_1 < x_2)$, 有

$$P(x_1 < X \leqslant x_2) = P(X \leqslant x_2) - P(X \leqslant x_1) = F(x_2) - F(x_1).$$

分布函数有以下性质:

（1） $F(x)$ 是一个不减函数；

（2） $0 \leqslant F(x) \leqslant 1$，且有

$$\lim_{x \to -\infty} F(x) = F(-\infty) = 0,$$

$$\lim_{x \to +\infty} F(x) = F(+\infty) = 1;$$

（3） $\lim_{x \to x_0^+} F(x) = F(x_0)$，即 $F(x)$ 是右连续的.

例 10 设随机变量 X 的分布律为

X	-1	2	3
p_k	$\dfrac{1}{4}$	$\dfrac{1}{2}$	$\dfrac{1}{4}$

求 X 的分布函数,并求 $P\left(X \leqslant \dfrac{1}{2}\right), P\left(\dfrac{3}{2} < X \leqslant \dfrac{5}{2}\right), P(2 \leqslant X \leqslant 3)$.

解 由概率的有限可加性,可得

$$F(x) = \begin{cases} 0, & x < -1, \\ \dfrac{1}{4}, & -1 \leqslant x < 2, \\ \dfrac{3}{4}, & 2 \leqslant x < 3, \\ 1, & x \geqslant 3. \end{cases}$$

可以看出, $F(x)$ 是一个阶梯函数. 由此可得

$$P\left(x \leqslant \frac{1}{2}\right) = F\left(\frac{1}{2}\right) = \frac{1}{4},$$

$$P\left(\frac{3}{2} < X \leqslant \frac{5}{2}\right) = F\left(\frac{5}{2}\right) - F\left(\frac{3}{2}\right) = \frac{1}{2},$$

$$P(2 \leqslant X \leqslant 3) = F(3) - F(2) + P(X = 2) = \frac{3}{4}.$$

一般地,设离散型随机变量 X 的分布律为

$$P(X = x_k) = p_k, \quad k = 1, 2, \cdots,$$

则有

$$F(x) = P(X \leqslant x) = \sum_{x_i \leqslant x} P(X = x_i) = \sum_{x_i \leqslant x} p_i.$$

对于连续型随机变量 X,若其概率密度为 $f(x)$,则有

$$F(x) = P(X \leqslant x) = P(-\infty < X \leqslant x) = \int_{-\infty}^{x} f(x) \, dx.$$

由此可知,在 $f(x)$ 的连续点 x 处,有

$$F'(x) = f(x).$$

需要指出的是,对于连续型随机变量 X 来说,概率 $P(X = a)$ 不能描述 $\{X = a\}$ 的概率分布规律. 设 X 的分布函数为 $F(x)$,令 $\Delta x > 0$,则有

$$0 \leqslant P(X=a) \leqslant P(a-\Delta x < X \leqslant a) = F(a) - F(a-\Delta x).$$

令 $\Delta x \to 0$,并注意到 X 为连续型随机变量,其分布函数 $F(x)$ 是连续的,所以

$$\lim_{\Delta x \to 0}(F(a) - F(a-\Delta x)) = 0.$$

故得

$$P(X=a) = 0.$$

由此可知,连续型随机变量 X 取任何值的概率为 0,从而说明概率为 0 的事件不一定是不可能事件. 同样,概率为 1 的事件不一定是必然事件.

此外,连续型随机变量 X 落在某区间上的概率与区间端点无关,

$$P(a < x < b) = P(a < x \leqslant b).$$

例 11　设随机变量 X 的概率密度为

$$f(x) = \begin{cases} k\mathrm{e}^{-3x}, & x > 0, \\ 0, & x \leqslant 0, \end{cases}$$

(1) 试确定常数 k;　(2) 求 $F(x)$;　(3) 求 $P(X>0.1)$.

解　(1) 由 $\displaystyle\int_{-\infty}^{+\infty} f(x)\,\mathrm{d}x = 1$,可得 $k=3$.

(2) 当 $x \leqslant 0$ 时,

$$F(x) = P(X \leqslant x) = \int_{-\infty}^{x} f(x)\,\mathrm{d}x = 0;$$

当 $x > 0$ 时,

$$F(x) = 3\int_{0}^{x} \mathrm{e}^{-3x}\,\mathrm{d}x = 1 - \mathrm{e}^{-3x},$$

故有

$$F(x) = \begin{cases} 1-\mathrm{e}^{-3x}, & x > 0, \\ 0, & x \leqslant 0. \end{cases}$$

(3) $P(X>0.1) = 1 - P(X \leqslant 0.1) = 1 - F(0.1)$

$$= 1 - (1 - \mathrm{e}^{-0.3}) = \mathrm{e}^{-0.3} \approx 0.740\ 8.$$

常见连续型随机变量的分布函数如下:

区间 (a,b) 上均匀分布的分布函数 $F(x)$ 为

$$F(x) = \begin{cases} 0, & x < a, \\ \dfrac{x-a}{b-a}, & a \leqslant x < b, \\ 1, & x \geqslant b. \end{cases}$$

$F(x)$ 的图形如图 8.4 所示.

X 服从参数为 θ 的指数分布,其分布函数 $F(x)$ 为

$$F(x) = \begin{cases} 1-\mathrm{e}^{-\frac{x}{\theta}}, & x > 0, \\ 0, & x \leqslant 0, \end{cases}$$

其图形如图 8.5 所示.

参数为 σ,μ 的正态分布的分布函数为

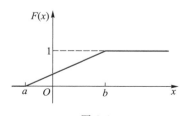

图 8.4

$$F(x) = \frac{1}{\sqrt{2\pi}\,\sigma}\int_{-\infty}^{x} e^{-\frac{(t-\mu)^2}{2\sigma^2}}\,dt, \quad -\infty < x < +\infty,$$

其图形如图 8.6 所示.

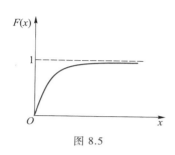

图 8.5

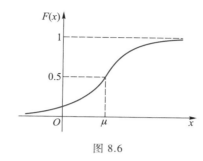

图 8.6

特别地,**标准正态分布** $N(0,1)$ 的分布函数用 $\Phi(x)$ 表示,即

$$\Phi(x) = \frac{1}{\sqrt{2\pi}}\int_{-\infty}^{x} e^{-\frac{t^2}{2}}\,dt, \quad -\infty < x < +\infty,$$

易知 $\Phi(-x) = 1 - \Phi(x)$.

人们已编制了 $\Phi(x)$ 的函数表,可供查用(见附表一).

一般地,若 $X \sim N(\mu, \sigma^2)$,则只要通过一个线性变换就能将它化为标准正态分布,即对

$$F(x) = P(X \le x) = \frac{1}{\sqrt{2\pi}\,\sigma}\int_{-\infty}^{x} e^{-\frac{(t-\mu)^2}{2\sigma^2}}\,dt$$

令 $u = \frac{t-\mu}{\sigma}$,得

$$F(x) = \frac{1}{\sqrt{2\pi}}\int_{-\infty}^{\frac{x-\mu}{\sigma}} e^{-\frac{u^2}{2}}\,du = \Phi\left(\frac{x-\mu}{\sigma}\right).$$

于是对于服从参数为 μ, σ 的正态分布的随机变量 X 有

$$P(a < X \le b) = F(b) - F(a) = \Phi\left(\frac{b-\mu}{\sigma}\right) - \Phi\left(\frac{a-\mu}{\sigma}\right).$$

例 12 设随机变量 X 服从正态分布 $N(2, 3^2)$. 求:(1) 随机变量 X 落在 0 与 2.5 之间的概率;(2) 随机变量 X 落在 5 与 10 之间的概率.

解 (1) 所求概率即为 $P(0 < X < 2.5)$. 因为 $\mu = 2, \sigma = 3$,则

$$P(0 < X < 2.5) = \Phi\left(\frac{2.5-2}{3}\right) - \Phi\left(\frac{0-2}{3}\right) = \Phi(0.166\,7) - \Phi(-0.666\,7).$$

查附表一得

$$\Phi(0.166\,7) = 0.567\,5,$$
$$\Phi(-0.666\,7) = 1 - \Phi(0.666\,7) = 0.251\,4,$$

于是 $P(0 < X < 2.5) = 0.316\,1$,即 X 落在 0 与 2.5 之间的概率为 0.316 1.

（2）所求概率即为 $P(5<X<10)$，由此得

$$P(5<X<10) = \Phi\left(\frac{10-2}{3}\right) - \Phi\left(\frac{5-2}{3}\right) = \Phi(2.666\ 7) - \Phi(1)$$
$$= 0.996\ 2 - 0.841\ 3 = 0.154\ 9,$$

即 X 落在 5 与 10 之间的概率为 0.154 9.

8.1.4　问题的解决及拓展：正态分布的应用

电脑开机后，一些软件会监测开机时间，并提示电脑的开机时间击败了全国百分之多少的电脑. 这个百分数是如何确定的呢？一般的软件工程师首先收集尽量多的用户的开机时间，然后查看时间的分布. 最常用的一种数据整理方法是求出样本值的频数、频率，进而用直方图将频数分布或频率分布直观地表示出来，如果用一条光滑曲线描绘直方图，会发现这个图形像一个钟形曲线，即开机时间近似服从正态分布. 将这些数据储存起来，每获得一个开机时间，就能根据正态分布的性质得出排名了.

除此之外，正态分布在我们日常生活中还有很多的应用.

1. 正态分布在血液指标检测的应用

医院出具的血常规化验单上给出的各项指标"参考值"也源于正态分布. 例如，为制定中性粒细胞比率化验指标的参考值，经统计确定该项指标 X 近似服从正态分布 $N(60,25)$. 医学上常以偏离正常人指标中心位置一定范围（比如 95%）的值作为参考值，一般基于正态分布，经过计算可以得到此项指标参考值范围.

这里设 $P(|X-60|<h) = 0.95$，则

$$P(-h<X-60<h) = P\left(\frac{-h}{\sigma}<\frac{X-60}{\sigma}<\frac{h}{\sigma}\right) = \Phi\left(\frac{h}{\sigma}\right) - \Phi\left(-\frac{h}{\sigma}\right)$$
$$= 2\Phi\left(\frac{h}{\sigma}\right) - 1 = 0.95.$$

所以 $\Phi\left(\dfrac{h}{\sigma}\right) = 0.975$. 又 $\sigma = 5$，查表 $\Phi(1.96) = 0.975$，得 $\dfrac{h}{5} = 1.96$，从而 $h = 9.8$. 故得到的参考值范围为 $(50.2, 69.8)$.

实际中结合正常人和患者的数据分布特点，以参数 μ 为中心，选择一个适当的取值范围作为相应的医学参考值范围，其中最常用的取值概率是 95%.

2. 正态分布在公交车门高度设计上的应用

设某市男子的身高服从正态分布，如何设计公共汽车车门的高度，使得该市男子与车门碰头的概率小于 0.05 呢？

设公共汽车车门的高度（单位：cm）为 H，该市男子的身高（单位：cm）为随机变量 X，且满足 $X \sim N(170,36)$，则应求 H 使其满足 $P(X>H)<0.05$. 此时，

$$P(X>H) = P\left(\frac{X-170}{\sqrt{36}}>\frac{H-170}{\sqrt{36}}\right) = 1 - \Phi\left(\frac{H-170}{6}\right) < 0.05,$$

所以 $\Phi\left(\dfrac{H-170}{6}\right) > 0.95.$

查标准正态分布表，$\Phi(1.645)=0.95$，则$\dfrac{H-170}{6}>1.645$，即$H>179.87$. 于是可知车门高度至少为 $180\ \mathrm{cm}$.

习题 8.1

1. 设随机变量 X 的分布律为

X	1	2	3
p_k	0.2	0.3	0.5

求 X 的分布函数 $F(x)$.

2. 设随机变量 X 的分布律为

$$P(X=k)=a\frac{\lambda^k}{k!},\quad k=0,1,2,\cdots(\lambda>0\ \text{为常数}),$$

试确定常数 a.

3. 设随机变量 X 的分布函数为

$$F(x)=\begin{cases}A+\dfrac{B}{2}\mathrm{e}^{-3x}, & x>0,\\ 0, & \text{其他},\end{cases}$$

求：(1) 常数 A,B；(2) $P(2<X\leqslant3)$.

4. 设随机变量 X 的概率密度为

$$f(x)=\begin{cases}kx, & 0\leqslant x<3,\\ 2-\dfrac{x}{2}, & 3\leqslant x<4,\\ 0, & \text{其他},\end{cases}$$

求：(1) 系数 k；(2) $P\left(1<X\leqslant\dfrac{7}{2}\right)$.

5. 设随机变量 X 服从正态分布 $N(3,2^2)$，
(1) 求 $P(2<X<5)$，$P(X>3)$；
(2) 确定 c 使得 $P(X>c)=P(X\leqslant c)$.

8.2 理财投资问题

8.2.1 问题的引入：理财投资问题

现在有两个投资方案：

方案一，收益非常稳定，有 100% 的概率净赚 5 万元；

方案二，收益不稳定，有 50% 的概率赚 20 万元，也有 50% 的概率赔 10 万元.

对于这两个方案，应该选择哪个？可能有人会说，肯定是第一个，稳赚不赔. 但也可能有人会说，风险越大赚得越多，还是选方案二搏一下.

要解决这个问题,需要用到随机变量的数学期望与方差的概念.

8.2.2　问题的分析:数学期望和方差

对一般的随机变量,要完全确定它的分布函数就不那么容易了,而且在许多实际问题中,并不需要完全知道分布函数,而只要知道随机变量的某些特征就够了.下面将介绍随机变量常用的数字特征——数学期望和方差.

定义 8.12　设离散型随机变量 X 的分布律为

$$P(X=x_k)=p_k,\quad k=1,2,\cdots,$$

若级数 $\sum\limits_{k=1}^{\infty}|x_k|p_k<+\infty$,则称级数 $\sum\limits_{k=1}^{\infty}x_kp_k$ 的和为随机变量 X 的**数学期望**,记为 $E(X)$,即

$$E(X)=\sum_{k=1}^{\infty}x_kp_k.$$

例 1　设随机变量 X 服从**退化分布**,即 $P(X=c)=1$,其中 c 为常数,则显然有

$$E(X)=1\cdot c=c.$$

例 2(0—1)分布　设 X 的分布律为

X	0	1
p_k	$1-p$	p

求 $E(X)$.

　解　$E(X)=0\cdot(1-p)+1\cdot p=p,$

　例 3(二项分布)　设 X 的分布律为

$$P(X=k)=C_n^kp^kq^{n-k},\quad k=0,1,2,\cdots,n,\quad q=1-p,$$

求 $E(X)$.

　解　由定义,

$$E(X)=\sum_{k=0}^{n}kC_n^kp^kq^{n-k}$$

$$=\sum_{k=0}^{n}k\cdot\frac{n(n-1)(n-2)\cdots(n-k+1)}{k!}p^kq^{n-k}$$

$$=np\sum_{k=1}^{n}\frac{(n-1)(n-2)\cdots[(n-1)-(k-2)]}{(k-1)!}\cdot p^{k-1}q^{(n-1)-(k-1)}$$

$$=np\sum_{k-1=0}^{n-1}C_{n-1}^{k-1}p^{k-1}q^{(n-1)-(k-1)}$$

$$=np(p+q)^{n-1}$$

$$=np.$$

　例 4(泊松分布)　设 X 的分布律为

$$P(X=k)=\frac{\lambda^k}{k!}e^{-\lambda},\quad k=0,1,2,\cdots,$$

求 $E(X)$.

解　$E(X) = \sum_{k=0}^{\infty} k \frac{\lambda^k}{k!} e^{-\lambda} = \lambda e^{-\lambda} \sum_{k=1}^{\infty} \frac{\lambda^{k-1}}{(k-1)!} = \lambda e^{-\lambda} e^{\lambda} = \lambda.$

连续型随机变量数学期望的定义和离散型的定义是类似的,只要将 p_k 改为概率密度函数, 将求和改为积分即可.

定义 8.13　设 X 是具有概率密度 $f(x)$ 的随机变量,若

$$\int_{-\infty}^{+\infty} |x| f(x) \, dx < +\infty,$$

则称积分 $\int_{-\infty}^{+\infty} x f(x) \, dx$ 的值为随机变量 X 的数学期望或均值,记为 $E(X)$,即

$$E(X) = \int_{-\infty}^{+\infty} x f(x) \, dx.$$

例 5(均匀分布)　设随机变量 X 的概率密度为

$$f(x) = \begin{cases} \dfrac{1}{b-a}, & a < x < b, \\ 0, & \text{其他}, \end{cases}$$

求 $E(X)$.

解　$E(X) = \int_{-\infty}^{+\infty} x f(x) \, dx = \int_a^b x \frac{dx}{b-a} = \frac{1}{2}(a+b).$

对于正态分布,可以证明,若随机变量 $X \sim N(\mu, \sigma^2)$,则 $E(X) = \mu$.

设 X, Y 为两个随机变量,则利用数学期望的定义可以证明数学期望有如下性质:

(1) 当 C 为常数时,$E(CX) = CE(X)$;

(2) $E(X \pm Y) = E(X) \pm E(Y)$;

(3) 当 X, Y 相互独立时,$E(XY) = E(X)E(Y)$.

例 6　m 个乘客在楼的底层进入电梯,楼共有 n 层,且各乘客在任一层下电梯的概率是相同的.如到某一层无乘客下电梯,电梯就不停,求直到乘客都下完时电梯停的次数 X 的数学期望.

解　设随机变量 X_k 表示到第 k 层时电梯停的次数,则

$$X_k = \begin{cases} 1, & \text{第 } k \text{ 层有乘客下电梯}, \\ 0, & \text{第 } k \text{ 层没有乘客下电梯}. \end{cases}$$

显然,$X = \sum_{k=1}^{n} X_k$,且 $E(X) = \sum_{k=1}^{n} E(X_k)$.下面求 $X_k(k=1,2,\cdots,n)$ 的分布律.

由于每个乘客在任一层下电梯的概率均为 $\dfrac{1}{n}$,故 m 个乘客同时不在第 k 层下电梯的概率是 $\left(1 - \dfrac{1}{n}\right)^m$,即

$$P(X_k = 0) = \left(1 - \frac{1}{n}\right)^m,$$

从而

$$P(X_k = 1) = 1 - \left(1 - \frac{1}{n}\right)^m,$$

于是

$$E(X_k) = 0 \cdot \left(1 - \frac{1}{n}\right)^m + 1 \cdot \left[1 - \left(1 - \frac{1}{n}\right)^m\right]$$

$$= 1 - \left(1 - \frac{1}{n}\right)^m, \quad k = 1, 2, \cdots, n,$$

故

$$E(X) = \sum_{k=1}^{n} E(X_k) = n\left(1 - \left(1 - \frac{1}{n}\right)^m\right).$$

数学期望从一个方面反映了随机变量取值的重要特征,但在很多情况下,仅知道平均值是不够的,还需要弄清楚每个实际值与平均值的偏差情况.

对于随机变量 X,容易想到用 $|X - E(X)|$ 来度量它与其均值 $E(X)$ 的偏离程度,但由于该式带有绝对值且是随机变量,因此通常是用量 $E\{[X - E(X)]^2\}$ 来度量 X 与其均值 $E(X)$ 的偏离程度. 这个数字特征叫做 X 的方差,有如下定义.

定义 8.14 设 X 是随机变量,若 $E\{[X - E(X)]^2\}$ 存在,则称 $E\{[X - E(X)]^2\}$ 为 X 的方差,记为 $D(X)$ 或 $\mathrm{Var}(X)$,即

$$D(X) = \mathrm{Var}(X) = E\{[X - E(X)]^2\}.$$

同时称 $\sqrt{D(X)}$ 为标准差或均方差,记为 σ_X.

由数学期望的性质便有

$$
\begin{aligned}
D(X) &= E\{[X - E(X)]^2\} \\
&= E\{X^2 - 2XE(X) + [E(X)]^2\} \\
&= E(X^2) - 2E(X)E(X) + [E(X)]^2 \\
&= E(X^2) - [E(X)]^2.
\end{aligned}
$$

例 7 设随机变量 X 的分布律为

X	0	1
p_k	$1-p$	p

求 $D(X)$.

解 $E(X) = p, E(X^2) = 0^2 \cdot (1-p) + 1^2 \cdot p = p$,故

$$D(X) = E(X^2) - [E(X)]^2 = p - p^2 = p(1-p).$$

例 8 设随机变量 $X \sim P(\lambda)$,求 $D(X)$.

解 已知 $E(X) = \lambda$,

$$
\begin{aligned}
E(X^2) &= \sum_{k=0}^{\infty} k^2 \cdot \frac{\lambda^k}{k!} \mathrm{e}^{-\lambda} \\
&= \sum_{k=0}^{\infty} (k^2 - k) \cdot \frac{\lambda^k}{k!} \mathrm{e}^{-\lambda} + \lambda \\
&= \sum_{k=0}^{\infty} k(k-1) \cdot \frac{\lambda^k}{k!} \mathrm{e}^{-\lambda} + \lambda \\
&= \lambda^2 + \lambda,
\end{aligned}
$$

故
$$D(X) = E(X^2) - [E(X)]^2 = \lambda.$$

例 9 设随机变量 $X \sim U(a,b)$，求 $D(X)$。

解 $E(X) = \dfrac{1}{2}(a+b)$，$E(X^2) = \displaystyle\int_a^b x^2 \dfrac{\mathrm{d}x}{b-a} = \dfrac{1}{3}(a^2 + ab + b^2)$，

故
$$\begin{aligned} D(X) &= E(X^2) - [E(X)]^2 \\ &= \frac{1}{3}(a^2+ab+b^2) - \frac{1}{4}(a+b)^2 \\ &= \frac{1}{12}(b-a)^2. \end{aligned}$$

对于正态分布，可以证明，若随机变量 $X \sim N(\mu, \sigma^2)$，则 $D(X) = \sigma^2$。

由此可以看出，正态分布中的参数 μ, σ^2 是符合该分布的随机变量 X 的数学期望及方差，因此只要能给出数学期望及方差，便能确定相应的正态分布。

利用方差的定义和计算公式可以得到方差的性质。设 X, Y 为两个随机变量，则有

（1）若 C 为常数，则 $D(C) = 0$；

（2）若 C 为常数，则 $D(CX) = C^2 D(X)$；

（3）若 X, Y 相互独立，则 $D(X+Y) = D(X) + D(Y)$。

例 10 设随机变量 $Y \sim B(n,p)$，求 $D(Y)$。

解 由于 $Y = X_1 + X_2 + \cdots + X_n$，其中 $X_1, X_2, \cdots, X_n$ 相互独立且每个都服从参数为 p 的 $(0-1)$ 分布。因此由方差的性质可知
$$D(Y) = D(X_1) + D(X_2) + \cdots + D(X_n),$$
又 $D(X_i) = p(1-p)$，故 $D(Y) = np(1-p)$。

有时还需要求随机变量函数的数学期望。设 $y = g(x)$ 为实函数，X 为随机变量，则 $Y = g(X)$ 也为随机变量。下面讨论如何由已知的随机变量 X 的分布律去求它的函数 $Y = g(X)$ 的分布律。

例 11 设随机变量 X 具有分布律：

X	-1	0	1
p_k	$\dfrac{1}{4}$	$\dfrac{1}{2}$	$\dfrac{1}{4}$

试求 $Y = X^2$ 的分布律。

解 Y 所有可能取的值为 $0, 1$，且
$$P(Y=0) = P(X^2=0) = P(X=0) = \frac{1}{2},$$

$$P(Y=1) = P(X^2=1) = P(X=1) + P(X=-1) = \frac{1}{2},$$

即得 Y 的分布律为

Y	0	1
p_k	$\dfrac{1}{2}$	$\dfrac{1}{2}$

对于随机变量函数,还可以不求其分布,直接求该随机变量函数的数学期望. 设 $g(x)$ 是实函数,计算随机变量 X 的函数 $Y=g(X)$ 的数学期望有如下表示性定理:

定理 8.1 设 $Y=g(X)$ 是随机变量 X 的函数,

(1)若 X 是离散型随机变量,分布律为

X	x_1	x_2	⋯	x_n	⋯
p_k	p_1	p_2	⋯	p_n	⋯

且

$$\sum_{k=1}^{\infty} |g(x_k)| p_k < +\infty,$$

则有

$$E(Y) = E[g(X)] = \sum_{k=1}^{\infty} g(x_k) p_k.$$

(2)若 X 是连续型随机变量,其概率密度为 $f(x)$,且

$$\int_{-\infty}^{+\infty} |g(x)| f(x)\,\mathrm{d}x < +\infty,$$

则有

$$E(Y) = E[g(X)] = \int_{-\infty}^{+\infty} g(x)f(x)\,\mathrm{d}x.$$

8.2.3 问题的解决:数字特征的应用

学习了期望和方差,我们来回顾 8.2.1 小节的投资问题.

先计算两种方案的收益的数学期望值. 第一种方案是 5 万元,第二种方案也是 5 万元. 从数学期望的角度来说,两个方案没什么区别,都值得投资.

再从方差的角度看,方差反映了随机结果围绕数学期望的波动范围,方案一的方差为

$$D_1 = 100\% \times (50\ 000 - 50\ 000)^2 = 0;$$

方案二的方差为

$$D_1 = 50\% \times (200\ 000 - 50\ 000)^2 + 50\% \times (-100\ 000 - 50\ 000)^2 = 2.25 \times 10^{10}.$$

很明显,两个方案收益的稳定性不同:第一个方案非常稳定,稳赚不赔;而第二个方案收益的方差要大得多,非常不稳定,因此方案二的投资风险大于方案一的风险.

8.2.4 问题的深入:大数定律和中心极限定理

概率论的研究内容是随机现象的统计规律性,而随机现象的统计规律是通过大量重复试验呈现出来的. 为了精确地描述这种规律性,引入大数定律与中心极限定理,它们在理论研究和实

际应用中都具有重要的意义.

我们知道,在一定条件下多次重复进行某一试验,随机事件发生的频率随着次数的增多逐渐稳定在某一个常数附近,这一数值也就是随机事件的概率.另外,直观的经验表明,大量观测值的算术平均值也具有稳定性,即在相同条件下随着观测次数的增多,观测值的算术平均值也会逐渐稳定于某一常数附近,这一数值就是观测值(看成随机变量)的数学期望.概率论中用来阐述大量随机现象平均结果的稳定性的理论统称为大数定律.

定理 8.2(切比雪夫(Chebyshev)不等式) 设随机变量 X 具有数学期望 $E(X)$ 及方差 $D(X)$,则对于任意正数 ε,有

$$P\{\,|X-E(X)|\geqslant\varepsilon\}\leqslant\frac{D(X)}{\varepsilon^2}$$

或

$$P\{\,|X-E(X)|<\varepsilon\}>1-\frac{D(X)}{\varepsilon^2}.$$

由切比雪夫不等式可看出:当 ε 取定时,随着方差 $D(X)$ 的减小,X 在 $E(X)$ 附近取值的概率增大.反之,随着方差 $D(X)$ 的增大,X 在 $E(X)$ 附近取值的概率减小.因而进一步说明:方差 $D(X)$ 能描述 X 对其均值 $E(X)$ 的偏离程度.

定理 8.3(伯努利大数定律) 设 f_A 是 n 重伯努利试验中事件 A 出现的次数,而 p 是事件 A 在每次试验中出现的概率,则对任意 $\varepsilon>0$,都有

$$\lim_{n\to\infty}P\left(\left|\frac{f_A}{n}-p\right|<\varepsilon\right)=1.$$

伯努利大数定律从理论上说明了在大量重复试验时,随机事件发生的频率接近于其发生的概率,即任一随机事件的频率具有稳定性,这就为概率的统计定义提供了理论依据.因此在实际问题中,当试验次数很大时,可以用事件 A 发生的频率作为概率 p 的近似值.

定理 8.4(切比雪夫大数定律) 设 $X_1,X_2,\cdots,X_n,\cdots$ 为相互独立的随机变量序列,$E(X_n)$ 和 $D(X_n)$ 都存在,且 $D(X_n)\leqslant C(n=1,2,\cdots)$,$C$ 为常数,则 $\dfrac{1}{n}\sum\limits_{i=1}^{n}X_i$ 依概率收敛于 $\dfrac{1}{n}\sum\limits_{i=1}^{n}E(X_i)$,即对任意正数 ε,有

$$\lim_{n\to\infty}P\left(\left|\frac{1}{n}\sum_{i=1}^{n}X_i-\frac{1}{n}\sum_{i=1}^{n}E(X_i)\right|\geqslant\varepsilon\right)=0.$$

特别地,若 $E(X_n)=\mu(n=1,2,\cdots)$,则有

$$\lim_{n\to\infty}P\left(\left|\frac{1}{n}\sum_{i=1}^{n}X_i-\mu\right|\geqslant\varepsilon\right)=0,$$

即 $\dfrac{1}{n}\sum\limits_{i=1}^{n}X_i$ 依概率收敛于 μ,也就是当 n 无限增大时,n 个随机变量的算术平均值在概率意义下无限趋于它们的数学期望(均值).

在实际问题中,有许多随机现象可以看成由大量相互独立的因素综合影响的结果,即使每一

个因素对该现象的影响都很微小,但是作为因素总和的随机变量,往往服从或近似服从正态分布.概率论中阐述大量独立随机变量和的极限分布是正态分布的定理称为中心极限定理,这里只介绍其中两个常用的定理.

定理 8.5(独立同分布的中心极限定理) 设随机变量 $X_1, X_2, \cdots, X_n, \cdots$ 相互独立同分布, $E(X_i) = \mu, D(X_i) = \sigma^2 \neq 0 (i = 1, 2, \cdots)$. 令

$$Y_n = \frac{\sum\limits_{k=1}^{n} X_k - n\mu}{\sqrt{n}\,\sigma}, \quad (n = 1, 2, \cdots),$$

则

$$\lim_{n \to \infty} F_n(x) = \lim_{n \to \infty} P(Y_n \leqslant x) = \int_{-\infty}^{x} \frac{1}{\sqrt{2\pi}} e^{-\frac{t^2}{2}} dt.$$

注 Y_n 是 $\sum\limits_{i=1}^{n} X_i$ 经标准化后得到的, $P(Y_n \leqslant x)$ 是 Y_n 的分布函数,此定理指出,当 n 充分大时, Y_n 近似服从标准正态分布 $N(0,1)$.

定理 8.6(棣莫弗-拉普拉斯(de Moivre-Laplace)定理) 设 Y_n 是 n 次独立重复试验中事件 A 发生的次数, $p(0<p<1)$ 是事件 A 在每次试验中发生的概率, $q = 1-p$,则对一切 x,有

$$\lim_{n \to \infty} P\left(\frac{Y_n - np}{\sqrt{npq}} \leqslant x \right) = \int_{-\infty}^{x} \frac{1}{\sqrt{2\pi}} e^{-\frac{t^2}{2}} dt.$$

该定理表明二项分布的极限分布是正态分布.

例 12 计算机在进行加法时,对每个加数取整(取最接近它的正数),设所有的取整误差是相互独立的,且它们都在 $(-0.5, 0.5)$ 上服从均匀分布.若将 1 500 个数相加,问误差总和的绝对值超过 15 的概率是多少?

解 设"第 i 个加数的取整误差"为 $X_i(i = 1, 2, \cdots)$,则 X_i 在 $(-0.5, 0.5)$ 上服从均匀分布,概率密度为

$$f(x) = \begin{cases} 1, & x \in (-0.5, 0.5), \\ 0, & \text{其他}, \end{cases}$$

且 $X_1, X_2, \cdots, X_n, \cdots$ 是相互独立同分布的随机变量序列,

$$E(X_i) = \int_{-\infty}^{+\infty} x f(x) dx = \int_{-0.5}^{0.5} x dx = 0,$$

$$D(X_i) = E(X_i^2) - [E(X_i)]^2 = \int_{-\infty}^{+\infty} x^2 f(x) dx = \int_{-0.5}^{0.5} x^2 dx = \frac{1}{12}.$$

由定理 8.5,随机变量 $Y = \sum\limits_{i=1}^{1\,500} X_i$ 近似服从正态分布 $N(0, 125)$. 所以

$$P(|Y| > 15) = P\left(\frac{|Y - 0|}{\sqrt{125}} > \frac{15}{\sqrt{125}} \right)$$

$$= P\left(\frac{Y}{\sqrt{125}} < -1.341\,6 \right) + P\left(\frac{Y}{\sqrt{125}} > 1.341\,6 \right)$$

$$= 2(1 - \Phi(1.341\,6)) = 0.180\,2.$$

故将 1 500 个数相加,误差总和的绝对值超过 15 的概率是 18.02%.

习题 8.2

1. 设随机变量 X 具有概率密度

$$f(x) = \begin{cases} x, & 0 < x \le 1, \\ 2-x, & 1 < x < 2, \\ 0, & 其他, \end{cases}$$

求 $E(X)$ 及 $D(X)$.

2. 设随机变量 X 的分布律为

X	-1	0	1	2
p_k	0.3	0.2	0.4	0.1

令 $Y = 2X+1$,求 $E(Y)$.

3. 已知随机变量 X 的分布函数为

$$F(x) = \begin{cases} 0, & x \le 0, \\ \dfrac{x}{4}, & 0 < x \le 4, \\ 1, & x > 4, \end{cases}$$

求 $E(X), D(X)$.

4. 已知随机变量 $X \sim N(5, 10^2)$,求 $Y = 3X+5$ 的数学期望 $E(Y)$.

5. 设风速 v 是一个随机变量,它服从 $(0, a)$ 上的均匀分布,而飞机某部位受到的压力大小 F 是风速 v 的函数:$F = kv^2$(常数 $k > 0$). 求 F 的数学期望.

附表一 标准正态分布表

$$\Phi(x) = \int_{-\infty}^{x} \frac{1}{\sqrt{2\pi}} e^{-t^2/2} dt = P(X \leqslant x)$$

x	0	1	2	3	4	5	6	7	8	9
0.0	0.500 0	0.504 0	0.508 0	0.512 0	0.516 0	0.519 9	0.523 9	0.527 9	0.531 9	0.535 9
0.1	0.539 8	0.543 8	0.547 8	0.551 7	0.555 7	0.559 6	0.563 6	0.567 5	0.571 4	0.575 3
0.2	0.579 3	0.583 2	0.587 1	0.591 0	0.594 8	0.598 7	0.602 6	0.606 4	0.610 3	0.614 1
0.3	0.617 9	0.621 7	0.625 5	0.629 3	0.633 1	0.636 8	0.640 6	0.644 3	0.648 0	0.651 7
0.4	0.655 4	0.659 1	0.662 8	0.666 4	0.670 0	0.673 6	0.677 2	0.680 8	0.684 4	0.687 9
0.5	0.691 5	0.695 0	0.698 5	0.701 9	0.705 4	0.708 8	0.712 3	0.715 7	0.719 0	0.722 4
0.6	0.725 7	0.729 1	0.732 4	0.735 7	0.738 9	0.742 2	0.745 4	0.748 6	0.751 7	0.754 9
0.7	0.758 0	0.761 1	0.764 2	0.767 3	0.770 3	0.773 4	0.776 4	0.779 4	0.782 3	0.785 2
0.8	0.788 1	0.791 0	0.793 9	0.796 7	0.799 5	0.802 3	0.805 1	0.807 8	0.810 6	0.813 3
0.9	0.815 9	0.818 6	0.821 2	0.823 8	0.826 4	0.828 9	0.831 5	0.834 0	0.836 5	0.838 9
1.0	0.841 3	0.843 8	0.846 1	0.848 5	0.850 8	0.853 1	0.855 4	0.857 7	0.859 9	0.862 1
1.1	0.864 3	0.866 5	0.868 6	0.870 8	0.872 9	0.874 9	0.877 0	0.879 0	0.881 0	0.883 0
1.2	0.884 9	0.886 9	0.888 8	0.890 7	0.892 5	0.894 4	0.896 2	0.898 0	0.899 7	0.901 5
1.3	0.903 2	0.904 9	0.906 6	0.908 2	0.909 9	0.911 5	0.913 1	0.914 7	0.916 2	0.917 7
1.4	0.919 2	0.920 7	0.922 2	0.923 6	0.925 1	0.926 5	0.927 8	0.929 2	0.930 6	0.931 9
1.5	0.933 2	0.934 5	0.935 7	0.937 0	0.938 2	0.939 4	0.940 6	0.941 8	0.943 0	0.944 1
1.6	0.945 2	0.946 3	0.947 4	0.948 4	0.949 5	0.950 5	0.951 5	0.952 5	0.953 5	0.954 5
1.7	0.955 4	0.956 4	0.957 3	0.958 2	0.959 1	0.959 9	0.960 8	0.961 6	0.962 5	0.963 3
1.8	0.964 1	0.964 8	0.965 6	0.966 4	0.967 1	0.967 8	0.968 6	0.969 3	0.970 0	0.970 6
1.9	0.971 3	0.971 9	0.972 6	0.973 2	0.973 8	0.974 4	0.975 0	0.975 6	0.976 2	0.976 7
2.0	0.977 2	0.977 8	0.978 3	0.978 8	0.979 3	0.979 8	0.980 3	0.980 8	0.981 2	0.981 7
2.1	0.982 1	0.982 6	0.983 0	0.983 4	0.983 8	0.984 2	0.984 6	0.985 0	0.985 4	0.985 7
2.2	0.986 1	0.986 4	0.986 8	0.987 1	0.987 4	0.987 8	0.988 1	0.988 4	0.988 7	0.989 0
2.3	0.989 3	0.989 6	0.989 8	0.990 1	0.990 4	0.990 6	0.990 9	0.991 1	0.991 3	0.991 6

续表

x	0	1	2	3	4	5	6	7	8	9
2.4	0.991 8	0.992 0	0.992 2	0.992 5	0.992 7	0.992 9	0.993 1	0.993 2	0.993 4	0.993 6
2.5	0.993 8	0.994 0	0.994 1	0.994 3	0.994 5	0.994 6	0.994 8	0.994 9	0.995 1	0.995 2
2.6	0.995 3	0.995 5	0.995 6	0.995 7	0.995 9	0.996 0	0.996 1	0.996 2	0.996 3	0.996 4
2.7	0.996 5	0.996 6	0.996 7	0.996 8	0.996 9	0.997 0	0.997 1	0.997 2	0.997 3	0.997 4
2.8	0.997 4	0.997 5	0.997 6	0.997 7	0.997 7	0.997 8	0.997 9	0.997 9	0.998 0	0.998 1
2.9	0.998 1	0.998 2	0.998 2	0.998 3	0.998 4	0.998 4	0.998 5	0.998 5	0.998 6	0.998 6
3.0	0.998 7	0.999 0	0.999 3	0.999 5	0.999 7	0.999 8	0.999 8	0.999 9	0.999 9	1.000 0

注：表中末行为函数值 $\Phi(3.0)$，$\Phi(3.1)$，…，$\Phi(3.9)$.

附表二　泊松分布表

$$1 - F(x - 1) = \sum_{r=x}^{\infty} \frac{\lambda^r}{r!} e^{-\lambda}$$

x	$\lambda = 0.2$	$\lambda = 0.3$	$\lambda = 0.4$	$\lambda = 0.5$	$\lambda = 0.6$
0	1.000 000 0	1.000 000 0	1.000 000 0	1.000 000 0	1.000 000 0
1	0.181 269 2	0.259 181 8	0.329 680 0	0.323 469	0.451 188
2	0.017 523 1	0.036 936 3	0.061 551 9	0.090 204	0.121 901
3	0.001 148 5	0.003 599 5	0.007 926 3	0.014 388	0.023 115
4	0.000 056 8	0.000 265 8	0.000 776 3	0.001 752	0.003 358
5	0.000 002 3	0.000 015 8	0.000 061 2	0.000 172	0.000 394
6	0.000 000 1	0.000 000 8	0.000 004 0	0.000 014	0.000 039
7			0.000 000 2	0.000 001	0.000 003

x	$\lambda = 0.7$	$\lambda = 0.8$	$\lambda = 0.9$	$\lambda = 1.0$	$\lambda = 1.2$
0	1.000 000 0	1.000 000 0	1.000 000	1.000 000 0	1.000 000
1	0.503 415	0.550 671	0.593 430	0.632 121	0.698 806
2	0.155 805	0.191 208	0.227 518	0.264 241	0.337 373
3	0.034 142	0.047 423	0.062 857	0.080 301	0.120 513
4	0.005 753	0.009 080	0.013 459	0.018 988	0.033 769
5	0.000 786	0.001 411	0.002 344	0.003 660	0.007 746
6	0.000 090	0.000 184	0.000 343	0.000 594	0.001 500
7	0.000 009	0.000 021	0.000 043	0.000 083	0.000 251
8	0.000 001	0.000 002	0.000 005	0.000 010	0.000 037
9				0.000 001	0.000 005
10					0.000 001

x	$\lambda = 1.4$	$\lambda = 1.6$	$\lambda = 1.8$		
0	1.000 000	1.000 000	1.000 000		
1	0.753 403	0.798 103	0.834 701		
2	0.408 167	0.475 069	0.537 163		

续表

x	$\lambda = 1.4$	$\lambda = 1.6$	$\lambda = 1.8$		
3	0.166 502	0.216 642	0.269 379		
4	0.053 725	0.078 813	0.108 708		
5	0.014 253	0.023 682	0.036 407		
6	0.003 201	0.006 040	0.010 378		
7	0.000 622	0.001 336	0.002 569		
8	0.000 107	0.000 260	0.000 562		
9	0.000 016	0.000 045	0.000 110		
10	0.000 002	0.000 007	0.000 019		
11		0.000 001	0.000 003		

x	$\lambda = 2.5$	$\lambda = 3.0$	$\lambda = 3.5$	$\lambda = 4.0$	$\lambda = 4.5$	$\lambda = 5.0$
0	1.000 000	1.000 000	1.000 000	1.000 000	1.000 000	1.000 000
1	0.917 915	0.950 213	0.969 803	0.981 684	0.988 891	0.993 262
2	0.712 703	0.800 852	0.864 112	0.908 422	0.938 901	0.959 572
3	0.456 187	0.576 810	0.679 153	0.761 897	0.826 422	0.875 348
4	0.242 424	0.352 768	0.463 367	0.566 530	0.657 704	0.734 974
5	0.108 822	0.184 737	0.274 555	0.371 163	0.467 896	0.559 507
6	0.042 021	0.083 918	0.142 386	0.214 870	0.297 070	0.384 039
7	0.014 187	0.033 509	0.065 288	0.110 674	0.168 949	0.237 817
8	0.004 247	0.011 905	0.026 739	0.051 134	0.086 586	0.133 372
9	0.001 140	0.003 803	0.009 874	0.021 363	0.040 257	0.068 094
10	0.000 277	0.001 102	0.003 315	0.008 132	0.017 093	0.031 828
11	0.000 062	0.000 292	0.001 019	0.002 840	0.006 669	0.013 695
12	0.000 013	0.000 071	0.000 289	0.000 915	0.002 404	0.005 453
13	0.000 002	0.000 016	0.000 076	0.000 274	0.000 805	0.002 019
14		0.000 003	0.000 019	0.000 076	0.000 252	0.000 698
15		0.000 001	0.000 004	0.000 020	0.000 074	0.000 226
16			0.000 001	0.000 005	0.000 020	0.000 069
17				0.000 001	0.000 005	0.000 020
18					0.000 001	0.000 005
19						0.000 001

部分习题参考答案

读者意见反馈

为收集对教材的意见建议,进一步完善教材编写并做好服务工作,读者可将对本教材的意见建议通过如下渠道反馈至我社。

咨询电话 400-810-0598

反馈邮箱 hepsci@pub.hep.cn

通信地址 北京市朝阳区惠新东街4号富盛大厦1座
      高等教育出版社理科事业部

邮政编码 100029